klipp & klar Lerntrainer

Herausgegeben von Walter Kowalczyk und Klaus Ottich

Dr. Walter Kowalczyk, Jahrgang 1949, ist Schulpsychologe und als Lehrbeauftragter an der Universität Hannover tätig. Er ist Mitglied in der Aktion Humane Schule und im Arbeitskreis Grundschule.
Klaus Ottich, Jahrgang 1942, ist Lehrer für Deutsch und Geschichte.
Beide Herausgeber sind in der regionalen und überregionalen Fortbildung tätig. Sie haben zahlreiche Bücher und Aufsätze zu den Themen «Zusammenarbeit zwischen Elternhaus und Schule» und «Lernförderung» veröffentlicht und sich intensiv mit der Lern- und Gedächtnisforschung befasst. Im Rowohlt Taschenbuch Verlag sind bereits von ihnen erschienen: «Der Elternabend» (Nr. 9182), «Schülern auf die Sprünge helfen» (Nr. 9775) und «Erfolgreich in der Schule» (Nr. 60189).

Hariet Böhm, Jahrgang 1958, ist Lehrerin für Mathematik und Musik. Nach langjähriger Unterrichtstätigkeit war sie Fachseminarleiterin für Mathematik. Sie leitet jetzt eine Grundschule in Niedersachsen.

Hariet Böhm

Mathematik, 3. und 4. Klasse

Grundrechenarten

rororo Rowohlt

Die Schreibweise entspricht den Regeln
der neuen Rechtschreibung.

Originalausgabe
Lektorat Katrin Helmstedt und Bernd Gottwald

Veröffentlicht im Rowohlt Taschenbuch
Verlag GmbH, Reinbek bei Hamburg, September 1997

Umschlaggestaltung Susanne Müller
Illustrationen Christof Tisch
Reihentypografie Iris Farnschläder
Layout Christina Modi
Gedruckt auf Arctic Volume 115 g/qm
der Häfreströms AB Schweden
Gesetzt aus der Minion und Trade Gothic
auf Apple Macintosh in QuarkXPress 3.32
Gesamtherstellung Clausen & Bosse, Leck
Printed in Germany
1690-ISBN 3 499 60294 6

Hinweis

Die **klipp & klar Lerntrainer** gibt es für
viele Unterrichtsfächer und Klassenstufen.
Genaue Informationen liefert Ihnen die
Rowohlt Revue, die Sie in jeder Buchhandlung
kostenlos erhalten.

Inhalt

Liebe Eltern,

sicher hat auch Ihr Kind mit Freude und Aufregung der Einschulung entgegengefiebert. Sie selbst haben keine Probleme erwartet und darauf vertraut, dass Sie weiterhelfen können, falls Ihrem Kind etwas unklar ist. Aber auf einmal gerät das Lernen ins Stocken und in dem Heft Ihres Kindes finden Sie die Bemerkung: «Du musst mehr üben!»
Wie viele Nachmittage haben Sie schon mit Ihrem Kind für die Schule gepaukt, sich Aufgaben ausgedacht und nach Erklärungen gesucht? Aber nicht nur das zerrt an Ihren Nerven, auch die Stimmung ist mies. Wenn Sie mit Ihrem Kind gemeinsam für die Schule büffeln, ist dies sicher oft mit Auseinandersetzungen und Tränen verbunden. «Ich kapier das eh nie.» – «Ich will endlich zu meinen Freunden.» – «Mein Lehrer hat mir das aber ganz anders erklärt.» Und Sie hatten sich den Nachmittag wahrscheinlich auch schöner vorgestellt.
Selbst wenn Sie im Moment gestresst und ratlos sind: In der Regel können Kinder jeden Lernstoff begreifen. Wichtig ist, dass durch eine abwechslungsreiche Darbietung des Stoffes individuelles Lernen ermöglicht und Freude an der Auseinandersetzung mit einem Thema gefördert wird. Hier liegt eine Stärke der *klipp & klar Lerntrainer*. Ein weiterer Vorteil ist, dass Ihr Kind mit den *klipp & klar Lerntrainern* **selbständig** arbeiten kann: Der Lernstoff wird verständlich, anschaulich und in kleinen Schritten dargestellt. Lerntipps erleichtern Ihrem Kind das Verstehen, Anwenden und Behalten. Durch Tests und Probeklassenarbeiten wird geprüft, ob das Gelernte auch sicher sitzt. An einigen Stellen ist es sinnvoll, dass Sie Ihre Hilfe anbieten. Dort finden Sie dieses Zeichen (siehe rechts), z. B. beim Basteln des Lesezeichens.

Mit den *klipp & klar Lerntrainern* können nicht nur erfolgreich Probleme in bestimmten Fächern ausgeräumt werden, sie eignen sich auch hervorragend, wenn Ihr Kind sein Wissen in einzelnen Themen aufpolieren oder sich gezielt auf eine Klassenarbeit vorbereiten möchte. Die *klipp & klar Lerntrainer* helfen Ihnen dabei, dass die Nachmittage mit Ihrem Kind wieder entspannter verlaufen.

Walter Kowalczyk und Klaus Ottich

Liebe Lehrerin, lieber Lehrer,

in jeder Klasse begegnen Sie Schülerinnen und Schülern, die Probleme mit bestimmten Themen haben. Besorgte Eltern haben sich an Sie gewandt und um Rat und spezielle Lerntipps gebeten. Viele sind unsicher, wie sie ihr Kind erfolgreich unterstützen können, und fühlen sich beim Erklären schulischer Lerninhalte verständlicherweise überfordert. Das gemeinsame Üben belastet häufig die ganze Familie. Sicher gibt es auch Schülerinnen und Schüler, denen Sie gern geeignetes Übungsmaterial empfehlen würden, damit sie selbständig Schwächen abbauen und ihre Leistungen verbessern können.

Überzeugen Sie sich selbst: Mit den *klipp & klar Lerntrainern* kann jeder Schüler seine Defizite selbständig aufarbeiten:

- Der Lernstoff wird verständlich, anschaulich und in kleinen Schritten dargestellt.
- Die abwechslungsreiche Darbietung des Stoffes fördert individuelles Lernen und die Motivation, sich mit einem Thema auseinander zu setzen.
- Lerntipps erleichtern das Verstehen, Anwenden und Behalten.
- Das Üben in sinnvollen Lernetappen unterstützt den Lernerfolg.
- Wiederholungsübungen sichern langfristig den Lernfortschritt.
- Durch Tests und Probeklassenarbeiten wird überprüft, ob das Gelernte auch sitzt.

Und auch Sie selbst können die *klipp & klar Lerntrainer* mit Gewinn nutzen:

- als Vorbereitung für Ihren Unterricht,
- als Differenzierungsmaterial für Ihre Klasse,
- als Lernprogramm für Ihren Förderunterricht.

Wir wünschen Ihnen viel Erfolg für Ihre Arbeit!
Walter Kowalczyk und Klaus Ottich

Liebe Schülerin, lieber Schüler, so kannst du mit diesem Buch arbeiten:

Bevor du anfängst, blättere einfach mal in diesem Buch: Wo geht es um das schriftliche Multiplizieren? Hast du die Wiederholungsaufgaben und den Lösungsteil entdeckt? Wo findest du das Lesezeichen? Vielleicht hast du sogar schon einige Seiten entdeckt, auf die du dich freust.

1. Wähle dir eine der Grundrechenarten aus oder beginne gleich auf der nächsten Seite.
2. Die vier Rechenarten wurden in viele kleine Kapitel unterteilt. Zunächst werden dir die Aufgaben genau erklärt. Du rechnest dann Aufgaben mit Lösungshilfen. Anschließend löst du Aufgaben ohne Hilfe. Die Ergebnisse zu den Aufgaben findest du immer am Ende der Übung. Es sind aber meist zwei Zahlen mehr als eigentlich nötig, damit du auch die letzte Aufgabe noch rechnest. Sollte dein Ergebnis dort nicht stehen, hast du falsch gerechnet.
3. Ist dir ein Fehler passiert, radierst du den falschen Lösungsweg aus und rechnest noch einmal. Die Lösungswege findest du im **Lösungsteil** dieses Buches.
4. Deinen Arbeitsplatz richtest du so ein, dass du nicht durch Spielzeug oder anderes abgelenkt wirst.
   Du brauchst:
   - einen angespitzten Bleistift
   - einen Radiergummi
   - Buntstifte
   - ein Rechenheft
5. Arbeite an jedem Wochentag 20 Minuten lang mit diesem Buch.
6. Jetzt kann es losgehen!

Tipp

Bitte deine Eltern, Freunde, Geschwister, Mitschüler oder Lehrer, dir dabei zu helfen.

Schriftliches Addieren

Aufgaben ohne Zehnerüberschreitung

Die Aufgabe 13 + 9 kannst du ohne große Mühe im Kopf ausrechnen. Wenn die Aufgabe aber 329 + 577 heißt, sieht es schon anders aus. Dann hilft dir das schriftliche Addieren weiter, z. B., wenn du schon einiges an Geld gespart hast:

Beispiel

1. Addiere zunächst die 1-DM-Stücke in der Einer-Spalte. Schreibe das Ergebnis in das freie Kästchen.
2. Addiere dann die 10-DM-Scheine in der Zehner-Spalte.
3. Addiere zuletzt die 100-DM-Scheine in der Hunderter-Spalte. Trage das Ergebnis ein.

	Hunderter	Zehner	Einer
Anne hat in ihrem Sparschwein 134 DM.	100	10 10 10	1 1 1 1
Für Zeitungsaustragen erhält sie 252 DM.	100 100	10 10 10 10 10	1 1
Wie viel Geld hat sie nun?			

Anne hat 386 DM.

Achtung: Rechne immer von rechts nach links. Beginne immer bei den Einern.

Nun trägst du die Zahlen in eine Stellentafel ein und rechnest noch einmal. Fange bei den Einern an:

Hunderter	Zehner	Einer
1	3	4
2	5	2
3	*8*	*6*

Du addierst Spalte für Spalte

und

trägst dann das Ergebnis ein.

1. 2 E + 4 E = *6* E, Ergebnis eintragen
2. 5 Z + 3 Z = *8* Z, Ergebnis eintragen
3. 2 H + 1 H = *3* H, Ergebnis eintragen

Rechne selbst.

Übung 1

	H	Z	E		H	Z	E		H	Z	E		H	Z	E		H	Z	E
	3	2	6		3	8	4		1	9	1		7	8	4		2	3	2
+	2	4	3	+	6	1	2	+	2	0	3	+	2	1	5	+	5	6	5

569 394 996 798 969 999 797

Ergebnisse

Vergleiche S. 68

Trage nun selbst die Aufgaben in die Stellentafel ein, erst die Einer, dann die Zehner und zuletzt die Hunderter.

Übung 2

481 + 503

H	Z	E

537 + 361

H	Z	E

864 984 898 972

Ergebnisse

Vergleiche S. 68

Übung 3 Rechne selbst. Jetzt ohne Stellentafel.

		3	2	4			2	2	3			3	0	2			1	1	5	
	+	5	7	5		+	4	2	3		+	2	6	1		+	1	0	3	

Ergebnisse

Vergleiche S. 68

899	868	322	563	218	646

Addieren von Zahlen mit unterschiedlicher Stellenzahl

Achtung, Stolperstein!

Wenn du Hunderterzahlen und Zehnerzahlen addierst, z. B. 120 + 76, addierst du eine dreistellige und eine zweistellige Zahl. Dann musst du darauf achten, dass die Zahlen richtig untereinander stehen (Einer unter Einern, Zehner unter Zehnern).

Beispiel

Addiere zuerst die Einer, dann die Zehner, zum Schluss die Hunderter. Trage die Zahlen ein.

Am 1. Tag des Schulfestes verkauft die Klasse 4 b Kaffee und Kuchen für 120 DM.

Am 2. Tag nimmt sie 76 DM ein.

Wie viel Geld hat die 4 b eingenommen?

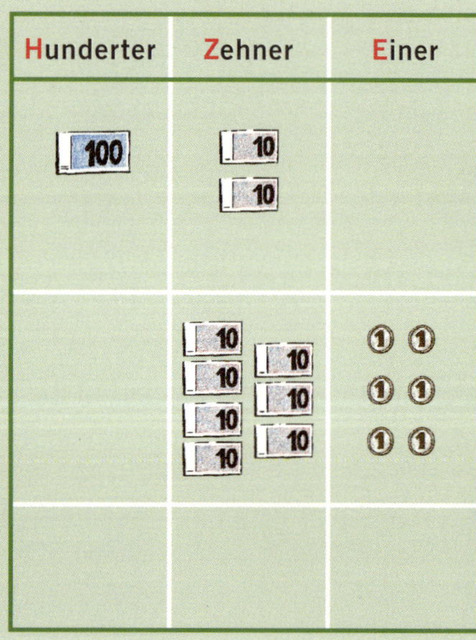

Die 4 b hat insgesamt 196 DM eingenommen.

Hinweis Du siehst: Die 1. Zahl hat keinen Einer. In der **Stellentafel** schreibt man in der Einer-Spalte eine 0. Die 2. Zahl hat keinen Hunderter, die Stelle bleibt in der **Stellentafel** frei.

Übertrage die Aufgaben wieder in die Stellentafel. Schreibe alle Zahlen immer von rechts nach links in die Tabelle.
Also: erst die Einer, dann die Zehner und zuletzt die Hunderter.
Vergiss das Plus-Zeichen nicht.

Übung 4

	1	3	2	+	2	6			H	Z	E				7	0	1	+	8	6			H	Z	E	
	8	9	+	2	1	0			H	Z	E				7	4	+	3	0	5			H	Z	E	

299	379	787	589	158	188

Ergebnisse

Vergleiche S. 68

Übertrage die folgenden Aufgaben in dein Heft. Achte darauf, dass die Zahlen richtig untereinander stehen. Zu jeder Lösung gehört ein Buchstabe. In der richtigen Reihenfolge ergeben die Buchstaben drei Wörter.

Übung 5

232 + 67	312 + 676	133 + 66
85 + 914	352 + 147	454 + 25
231 + 248	307 + 202	73 + 522

299 = I	999 = K	479 = N	988 = C
509 = E	199 = H	499 = A	595 = S

Ergebnisse

Vergleiche S. 68

_ _ _   _ _ _ _ _   _ _ ! Wie schön!

Vorübungen zur Zehnerüberschreitung

In deinem Schulbuch findest du vielleicht den Begriff «Zehnerübertrag» oder «Zehnerübergang».

So kannst du dir die Zehnerüberschreitung vorstellen: Denke dir, du besitzt mehrere 1-DM-Stücke, 10-DM-Scheine und 100-DM-Scheine. Damit du nicht so viel Münzen oder Scheine hast, wechselst du zehn 1-DM-Stücke in einen 10-DM-Schein um. Zehn 10-DM-Scheine wechselst du in einen 100-DM-Schein um. Probiere es gleich einmal aus.

Beispiel

Karl hat viel gespart.
Wir wechseln sein Geld.
Zähle die 1-DM-Stücke.
Fasse immer zehn 1-DM-Stücke zu einem 10-DM-Schein zusammen.
Wie viele 10-DM-Scheine bekommt Karl?

Karl bekommt drei 10-DM-Scheine.

Dieses Sparschwein ist voll.
Wechsle in 10-DM-Scheine.
Wie viele 1-DM-Stücke bleiben übrig?

Es bleiben zwei 1-DM-Stücke übrig.

Übung 6 Wechsle um.

13 E = 1 Z + 3 E	13 Z = 1 H + 3 Z
17 E = ________	23 Z = ________
23 E = ________	18 Z = ________
14 E = ________	29 Z = ________

Überprüfe nun diese Übung mit Hilfe des Lösungsteils.

Aufgaben mit einer Zehnerüberschreitung

Aufgabe:

		H	Z	E	
		2	4	5	
	+	1	2	6	

Stolperstein!

Jetzt rechnest du Aufgaben, in denen die Zehnerüberschreitung vorkommt. Beim Addieren erhältst du manchmal mehr als 9 Einer, z. B. 12 Einer. Dann musst du «wechseln»: Du hast dann außer den beiden Einern auch noch einen Zehner.

Hilfe

Lies noch einmal Seite 14.

Beispiel

	Hunderter	Zehner	Einer
Karola hat 245 DM.	100 100	10 10 10 10	1 1 1 1 1
Zum Geburtstag erhält sie von den Verwandten 126 DM.	100	10 10 10 ←	1 1 1 1 1 1
Wie viel Geld hat sie nun insgesamt?	1 H + 2 H = 3 H 3	Male den eingewechselten Zehner dazu. Nun hast du: 3 Z + 4 Z = 7 Z 7	6 E + 5 E = 11 E Davon wechsle 10 E um in 1 Z. Es bleibt: 1 E 1

Hinweis

Beginne in der Einer-Spalte zu lesen.

Karola hat nun 371 DM.

Hinweis

Du rechnest immer von unten nach oben.

		H	Z	E	
		2	4	5	
	+	1	2_1	6	
		3	7	1	

In der Stellentafel malst du keinen Geldschein dazu, sondern schreibst stattdessen eine kleine **Merkzahl** (1) an den unteren Zehner.

1. → 6 E + 5 E = 11 E = 1 Z + 1 E
2. → 1 Z + 2 Z + 4 Z = 7 Z
3. → 1 H + 2 H = 3 H

Tipp

Schreibe die Merkzahlen mit einer anderen Farbe.

Du überschreitest also den Zehner.

Zur Erinnerung:
Ist das Ergebnis einer Spalte der Stellentafel größer als 9, dann musst du eine Merkzahl in die nächste Spalte schreiben. Das nennt man auch «einen Übertrag einsetzen».

		H	Z	E	
		3	8	9	
	+	1	0_1	2	

Rechne so:

1. → 2 E + 9 E = 11 E = 1 Z + 1 E
Schreibe 1 in die Einer-Spalte, eine kleine Merk-Eins in die Zehner-Spalte.
2. → 1 Z + 0 Z + 8 Z = 9 Z
3. → 1 H + 3 H = 4 H

389
+ 102
491

Übung 7 Rechne selbst.

		3	6	2			5	3	8			6	7	3			4	3	6	
	+	1	1	9		+	1	2	4		+	3	1	7		+	4	3	6	

Ergebnisse

Vergleiche S. 69

662 990 868 938 481 872

Du musst auch einen Übertrag einsetzen, wenn in der Zehner-Spalte das Ergebnis größer als 9 ist: Dann bekommst du für 10 Zehner 1 Hunderter.

Beispiel

	Hunderter	Zehner	Einer
340 DM + 298 DM			

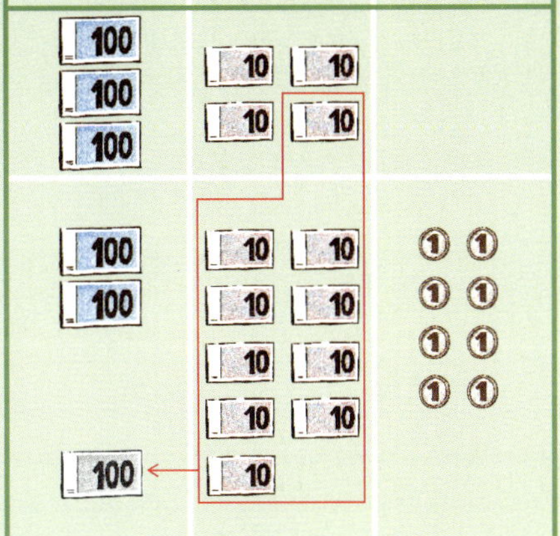

So rechnest du:	Du erhältst hier 1 H mehr: 1 H + 2 H + 3 H = 6 H	9 Z + 4 Z = 13 Z = 1 H + 3 Z	8 E + 0 E = 8 E
Wie viel Geld ist es insgesamt?	*6*	*3*	*8*

Hinweis

Beginne in der Einer-Spalte zu lesen.

Es sind insgesamt 638 DM.

Hier dieselbe Rechenaufgabe in der Stellentafel:

	H	Z	E
	3	4	0
+	2_1	9	8
	6	*3*	*8*

Übung 8

Rechne selbst.

		4	8	2			4	8	9			5	6	1			8	6	3
	+	4	4	3		+	2	3	0		+	3	6	8		+		7	2

Ergebnisse

929	798	935	719	643	925

Vergleiche S. 69

Aufgaben mit mehreren Zehnerüberschreitungen

Bei den folgenden Aufgaben musst du in der Zehner-Spalte und in der Hunderter-Spalte einen Übertrag einsetzen.

Tipp Schreibe die kleinen Merkzahlen mit einer anderen Farbe.

Übung 9 Zu den Ergebnissen gehören wieder bestimmte Buchstaben.

Hinweis

Schreibe die Zahlen richtig untereinander. Addiere von unten nach oben.

	4	9	8		3	8	7		4	4	4		5	6	3
+	1_1	2_1	3	+	2	6	5	+	2	7	7	+	1	9	8
	6	2	1												
	3	8	6		3	6	6		7	5	8		4	5	9
+	2	4	5	+	5	5	5	+		5	8	+		9	6

Ergebnisse

Vergleiche S. 69

G = 631	U = 921	R = 761	! = 555
E = 652	H = 721	S = 621	T = 816

_ _ _ _   _ _ _ _ _

Übung 10 Übertrage die folgenden Aufgaben in dein Heft. Rechne selbst.

285 + 402	410 + 397	751 + 205
136 + 229	589 + 207	648 + 299
302 + 179	303 + 156	231 + 629
499 + 245	498 + 229	872 + 68

Ergebnisse

Vergleiche S. 69

687	956	947	940	727	796	744
860	481	807	459	435	936	365

Aufgaben mit mehr als zwei Summanden

Du kannst auch mehr als zwei Zahlen addieren.

Beispiel

		3	2	4	
	+	1	7	5	
	+	3 $_1$	8 $_1$	1	
		8	8	0	

Übung 11

Rechne selbst. Finde die Lösungswörter.

	2 0 9		1 6 2		5 1 7		5 3 6
+	4 3 1	+	3 3 5	+	2 8 5	+	1 1 2
+	1 1 9	+	2 8 3	+	1 0 3	+	3 4 7

	4 1 4		3 8 8		2 3 0		1 0 2
+	2 3 7	+	1 8 7	+	3 4 5	+	6 5 4
+	1 9 5	+	3 1 3	+	2 4 7	+	1 5 8

Ergebnisse

L = 822	Z = 995	A = 780	T − 846
L = 914	N = 905	O = 888	G = 759

Vergleiche S. 69

_ _ _ _ _ _ _ _ _ !

Knobeleien

Beispiel

Würfle dreimal.

Du erhältst z. B. die Zahl: Nun die nächste Zahl, z. B.:

6 2 5 1 2 3

Addiere beide Zahlen schriftlich.

Tipp

Überprüfe die Ergebnisse mit dem Taschenrechner oder bitte deine Eltern, sie zu kontrollieren.

Übung 12 Rechne vier solcher Aufgaben. Beachte den Tipp.

Übung 13

Rechenpyramide

9068				
4822				
		1748		
1092				
764	328	904	362	120

Zwei Zahlen nebeneinander ergeben zusammen die darüber liegende Zahl. Berechne die fehlenden Zahlen. Beginne in der untersten Zeile.

Ergebnisse

Vergleiche S. 70

2498 4246 482 3512 2324 1266 1232 2006

Übung 14 Welche Ziffern fehlen in der obersten Zeile? Rechne selbst.

					6					8	6	9				8	6	1	0	
	+	1	4	6	2		+	1	1	6	4	3		+	3	6	2	3	1	
	+	1_1	2_1	6_1	4		+	7	2_1	3_1	2_1	1		+	$_1$	4_1	3	4_1	9	
		3	6	4	2			9	8	8	3	3			7	9	1	9	0	

Ergebnisse

Vergleiche S. 70

8 5 1 1 4 3 9

Bearbeite nun die Klassenarbeit Nr. 1 und überprüfe, wie sicher du das «schriftliche Addieren» beherrschst. Lies zuerst die Seite 62 durch. Die Arbeit findest du auf Seite 63.

Schriftliches Subtrahieren

Aufgaben ohne Zehnerüberschreitung

Das schriftliche Subtrahieren ist eine Form des Addierens. Auch bei dieser Rechenart fängst du bei den Einern an. Du musst in jeder Spalte die Zahl suchen, die man zur unteren Zahl ergänzen muss, um zur oberen Zahl zu kommen.

Matthias möchte ein Fahrrad haben. Es kostet 358 DM.

Matthias hat schon 231 DM gespart.

Wie viel DM muss Matthias noch sparen, um das Fahrrad kaufen zu können? Füge die fehlenden Münzen und Scheine hinzu.

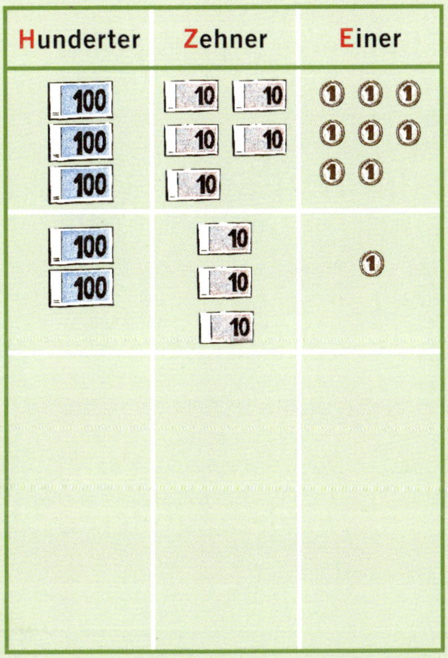

Du hast ergänzt: sieben 1-DM-Stücke, zwei 10-DM-Scheine, einen 100-DM-Schein. Matthias muss noch 127 DM sparen!

Die Aufgabe in der Stellentafel:

Aufgabe				1. Schritt				2. Schritt				3. Schritt			
	H	Z	E		H	Z	E		H	Z	E		H	Z	E
	3	5	8		3	5	8		3	5	8		3	5	8
−	2	3	1	−	2	3	1	−	2	3	1	+	2	3	1
							7			2	7		1	2	7

1 E + 7 E = 8 E 3 Z + 2 Z = 5 Z 2 H + 1 H = 3 H

Übung 15 Rechne selbst.

	H	Z	E
	3	5	9
–	1	4	2

	H	Z	E
	3	8	2
–	1	1	0

	H	Z	E
	9	3	8
–	1	2	7

	H	Z	E
	2	3	5
–	1	0	1

	H	Z	E
	8	8	8
–	2	3	7

Ergebnisse

Vergleiche S. 70

217 134 272 651 811 143 532

Subtrahieren von Zahlen mit unterschiedlicher Stellenzahl

Hier hat die zweite Zahl weniger Stellen als die erste Zahl.

Beispiel

	H	Z	E
	3	6	8
–		5	2
	3	1	6

1. 2 E + 6 E = 8 E
2. 5 Z + 1 Z = 6 Z
3. 0 H + 3 H = 3 H

Hinweis

Die zweite Zahl hat keinen Hunderter, deshalb denkst du dir dort eine Null.

Übung 16

	H	Z	E
	6	9	8
–		4	5

	H	Z	E
	9	8	9
–		7	1

	H	Z	E
	8	7	6
–		5	4

	H	Z	E
	7	5	7
–		4	6

Ergebnisse

Vergleiche S. 70

918 653 711 822 264 738

Rechne in deinem Heft. Verbinde die Aufgaben mit den richtigen Lösungen.

Übung 17

975 – 21	689 – 44	635 – 25
633 – 12	987 – 56	989 – 79

842	621	931	645	954	910	610	135

Hinweis

Achte beim Aufschreiben der Zahlen darauf, dass die Zahlen richtig untereinander stehen.

Ergebnisse

Vergleiche S. 70

Die Rechenprobe

Mit der Rechenprobe kontrollierst du, ob du richtig gerechnet hast. Dazu machst du aus der Minus-Aufgabe eine Plus-Aufgabe.

Beispiel

Du weißt: 5 – 3 = 2 denn 2 + 3 = 5

anders aufgeschrieben:				5					2
			–	3	denn			+	3
				2					5
oder:		5	0	0			2	0	0
	–	3	0	0	denn	+	3	0	0
		2	0	0			5	0	0
oder:		5	8	5			2	2	3
	–	3	6	2	denn	+	3	6	2
		2	2	3			5	8	5

Tipp

So entsteht die Plus-Aufgabe: Du addierst zum Ergebnis der Minus-Aufgabe die Zahl, die abgezogen wurde.

Hinweis

Das Ergebnis der Plus-Aufgabe muss der obersten Zahl der Minus-Aufgabe entsprechen. Du kannst zur Probe jede Minus-Aufgabe in eine Plus-Aufgabe umwandeln.

Übung 18 Rechne selbst. Kontrolliere mit Hilfe der Rechenprobe.

	8	7	5	→						7	5	5
−	6	2	3	+	6	2	3		−		1	2

+		1	2

Übung 19 Nun bist du selber der Lehrer.
Fritzchen hat sich in seiner Hausaufgabe dreimal verrechnet.
Mache die Probe. Kreise die Fehler ein.

a)

					Probe		
	9	3	3				
−	8	2	2	+			
	1	2	1				

b)

					Probe		
	8	8	7				
−	6	3	5	+			
	2	5	2				

c)

					Probe		
	9	8	2				
−	6	7	2	+			
	3	1	1				

d)

					Probe		
	9	6	3				
−	4	3	1	+			
	5	3	2				

e)

					Probe		
	4	3	1				
−	2	0	0	+			
	2	0	1				

f)

					Probe		
	7	5	3				
−	2	5	2	+			
	5	0	1				

Überprüfe nun alle Übungen mit Hilfe des Lösungsteils.

Vorübungen zur Zehnerüberschreitung

Der Größenunterschied zwischen zwei Zahlen bleibt gleich, wenn man zu beiden Zahlen dieselbe Zahl addiert, z. B. 10.

Hinweis

In deinem Schulbuch findest du vielleicht die Begriffe «Zehnerübertrag» oder «Zehnerübergang».

Beispiel

6	16	26	36	46	56	66
− 4	− 14	− 24	− 34	− 44	− 54	− 64
2	2	2	2	2	2	2

Übung 20

Rechne selbst. Füge immer die Zahl 10 hinzu.

7	17					
− 3	−	−	−	−	−	−

Überprüfe nun diese Übung mit Hilfe des Lösungsteils.

Regel:
Wenn man in einer Minus-Aufgabe zu beiden Zahlen dieselbe Zahl addiert, bleibt das Ergebnis gleich.

Diese Regel hilft dir, die **Zehnerüberschreitung** bei Minus-Aufgaben zu verstehen.

Aufgaben mit einer Zehnerüberschreitung an unterschiedlichen Stellen der Stellentafel

Beispiel

Heiko spart auf ein Gameboy-Spiel. Es kostet 163 DM.

Er hat schon 129 DM auf dem Sparbuch.

Wie viel DM muss er noch sparen?

Hunderter	Zehner	Einer
100	10 10 10 10 10 10	1 1 1
100	10 10	1 1 1 1 1 1 1 1 1

Hilfe

Lies noch einmal Seite 25.

Man kann die Einer-Spalte hier nicht so einfach ausrechnen. Aber: Am Ergebnis verändert sich nichts, wenn du zu beiden Geldbeträgen 10 DM hinzulegst. Das sieht dann so aus:

Übung 21

Berechne zuerst die Schritte 1.–3. Trage dann die Zahlen in die Tabelle ein.

Hunderter	Zehner	Einer
100	10 10 10 10 10 10	1 + 10 1 1
100	10 10 + 10	1 1 1 1 1 1 1 1 1

Jetzt kannst du rechnen:

1. 9 E + ___ E = 13 E
2. 1 Z + 2 Z + ___ Z = 6 Z
3. 1 H + ___ H = 1 H

Überprüfe nun diese Übung mit Hilfe des Lösungsteils.

Rechne zwei weitere Aufgaben. Die Kästchen zeigen dir, wo du Merkzahlen eintragen musst. Die Anleitung hilft dir.
Rechne Schritt für Schritt. Trage die Zahlen in die Stellentafel ein. Überprüfe anschließend deine Lösungen.

Übung 22

	H	Z	E
	3	9	1 ☐
–	2	4 ☐	5

1. 5 E + ___ E = 11 E
2. 1 Z + 4 Z + ___ Z = 9 Z
3. 2 H + ___ H = 3 H

	H	Z	E
	2	6	5 ☐
–	1	3 ☐	9

1. 9 E + ___ E = 15 E
2. 1 Z + 3 Z + ___ Z = 6 Z
3. 1 H + ___ H = 2 H

Rechne nun ohne Stellentafel. Notiere die Merkzahlen in einer anderen Farbe.

Übung 23

		3	5	2 ☐			4	6	5 ☐			4	9	7 ☐			2	7	4 ☐	
	–	1	4 ☐	6		–	2	2 ☐	8			3	8 ☐	9		–	1	3 ☐	7	

237	231	206	108	364	137

Ergebnisse

Vergleiche S. 71

Rechne selbst. Du kannst die 10-DM-Scheine in der Einer-Spalte nun weglassen. Notiere die Merkzahl farbig.

Übung 24

		3	2	1			2	4	6			4	8	0			9	8	6	
	–	2	1_1	9		–		2	9		–	2	2	7		–		6	7	

210	253	919	302	217	102

Ergebnisse

Vergleiche S. 72

Bei manchen Aufgaben musst du in der Zehner-Spalte einen «Übertrag einsetzen», bei großen Zahlen sogar in der Hunderter-Spalte oder in der Tausender-Spalte. Der hellrote 100-DM-Schein und der hellrote 1000-DM-Schein zeigen dir, wo du Geld hinzulegst, um die Aufgabe ausrechnen zu können.

Übung 25 Rechne selbst. Die Anleitung hilft dir.

	H	Z	E
	5	100 3	2
–	3 ■	8	1

1. 1 E + ___ E = 2 E
2. 8 Z + ___ Z = 13 Z
3. 1 H + 3 H + ___ H = 5 H

	T	H	Z	E
	4	1000 5	6	2
–	2 ■	6	3	1

1. 1 E + ___ E = 2 E
2. 3 Z + ___ Z = 6 Z
3. 6 H + ___ H = 15 H
4. 1 T + 2 T + ___ T = 4 T

Ergebnisse
Vergleiche S. 72

1847 1931 151 262

Übung 26 Rechne in deinem Heft. **Achtung:** In den folgenden Aufgaben sind die «Überträge» an unterschiedlichen Stellen versteckt! Verbinde die Aufgaben mit den richtigen Lösungen.

Tipp
Die Kästchen zeigen dir, wo du die Merkzahlen eintragen musst.

3675 – 1963 421 – 219 987 – 295

9220 – 2310 750 – 348 525 – 344

Ergebnisse
Vergleiche S. 72

6910 1712 181 7110 402 202 692 306

In manchen Aufgaben gibt es mehrere Zehner-Überträge. Rechne selbst. Die Kästchen zeigen dir die Stellen, an denen du besonders aufpassen musst.

Übung 27

	T	H	Z	E			T	H	Z	E			T	H	Z	E
	4	3	5	0			9	2	3	0			3	0	0	0
–	1	7	2	8		–	6	8	4	8		–	2	9	9	9

1	2382	3384	2622	5

Ergebnisse

Vergleiche S. 72

Löse die Aufgaben in deinem Heft. Du kannst die Buchstaben T, H, Z und E weglassen. Schreibe die Zahlen richtig untereinander. Verbinde die Aufgaben mit den richtigen Lösungen.

Übung 28

5362 – 3671 | 4360 – 192 | 4020 – 3008

8020 – 399 | 9364 – 7978 | 982 – 894 | 2000 – 199

1012	1691	88	4168	1386	1801	7621

Ergebnisse

Vergleiche S. 72

Aufgaben mit mehr als einem Subtrahenden

Frau Kühn hat 788 DM auf ihrem Konto. Sie kauft sich einen Rock für 132 DM und eine Hose für 145 DM.
Wie viel Geld hat sie nun noch übrig?

Rechnung: 788 DM – 132 DM – 145 DM = ?

Tipp

Die Zahl, die abgezogen wird, heißt Subtrahend.

Übung 29 Du kannst die Aufgabe in einem Schritt rechnen:

	7	8	8
–	1	3	2
–	1	4	5

Lösungshilfe:

1. 5 + 2 + ___ = 8
2. 4 + 3 + ___ = 8
3. 1 + 1 + ___ = 7

Übung 30 Nun eine Aufgabe mit großen Zahlen.

	3	6	7	9
–	1	1	1	3
–	1	2	3	3
–		2	1	2

Lösungshilfe:

1. 2 + 3 + 3 + ___ = 9
2. 1 + 3 + 1 + ___ = 7
3. 2 + 2 + 1 + ___ = 6
4. 1 + 1 + ___ = 3

Überprüfe nun diese Übungen mit Hilfe des Lösungsteils.

Übung 31 Rechne die folgenden Aufgaben in deinem Heft.

a) 9876 – 1234 – 3231 – 2310

b) 13694 – 543 – 1140

c) 968 – 421 – 322 – 104

Ergebnisse

Vergleiche S. 73

12011 3101 1021 121 964

Teste dich selbst:
Das kleine Einmaleins (Multiplizieren)

1. Multipliziere im Kopf immer die nebeneinander stehenden Zahlen.

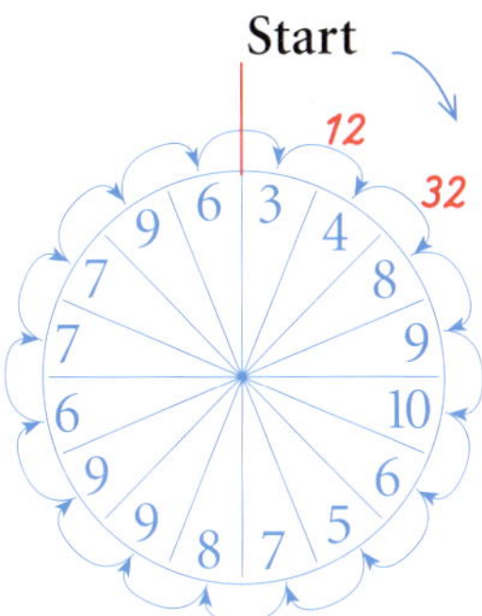

Beispiel:
3 • 4 = 12
4 • 8 = 32
8 • 9 =

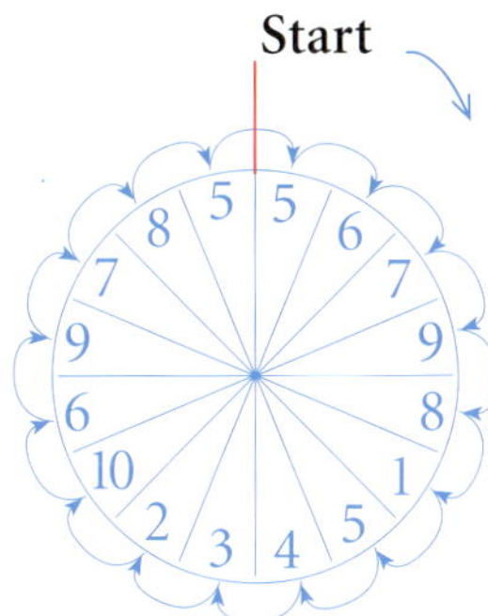

2. Fülle die Tabelle aus.

•	9	3	5	2	7
6					
8					
9					
7					
4					

•	4	6	8	7	10
5					
3					
2					
10					
8					

3. Nimm zwei Würfel und multipliziere die Augenzahlen:

5 • 6 = 30

Rechne so 20 Aufgaben in deinem Heft. Bitte danach deine Eltern, die Ergebnisse zu kontrollieren. Hast du mehr als 5 Fehler gemacht, wiederholst du zuerst das kleine Einmaleins und arbeitest dann weiter.

Bearbeite nun die Klassenarbeit Nr. 2 und überprüfe, wie sicher du das «schriftliche Subtrahieren» beherrschst. Du findest die Arbeit auf Seite 64. Lies zuvor die Seite 62.

Tipp

Hier hilft der Lerntrainer klipp & klar «Das kleine Einmaleins» (rororo Nr. 60184).

Hilfe

Überprüfe nun «Teste dich selbst: Das kleine Einmaleins (Multiplizieren)» mit Hilfe des Lösungsteils.

Vom halbschriftlichen Multiplizieren zum schriftlichen Multiplizieren

Halbschriftliches Multiplizieren

Für ein Rad erhält Patrick von seinen Eltern, seiner Oma und seiner Patentante je 312 DM. Zeichne die fehlenden Geldbeträge ein.

Eltern	Oma	Tante
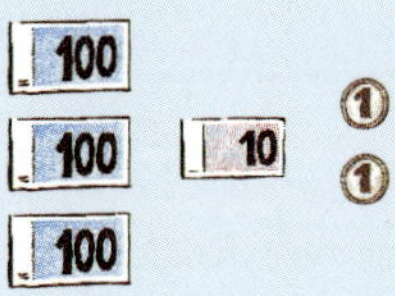		

Wie viel Geld hat Patrick insgesamt bekommen?
Addiere die Beträge schriftlich.

	3	1	2
+	3	1	2
+	3	1	2

Patrick hat für sein Rad 936 DM erhalten.

Beim halbschriftlichen Multiplizieren schreibst du alle Teilaufgaben auf.

Du hast diese Aufgabe als Additionsaufgabe gelöst. Du hast immer dieselbe Zahl addiert. Deshalb kannst du die Aufgabe auch als Multiplikationsaufgabe aufschreiben: 312 + 312 +312 = 3 • 312. Das geht so:

Beispiel

Tipp

Um leichter multiplizieren zu können, schreibt man die große Zahl zuerst: 312 • 3.

	H	Z	E				H	Z	E
	3	1	2	•	3	=			
			2	•	3	=			6
		1	0	•	3	=		3	0
	3	0	0	•	3	=	9	0	0
	3	1	2	•	3	=	9	3	6

Die Teilergebnisse musst du addieren.

So erhältst du das Endergebnis.

Schriftliches Multiplizieren: Aufgaben ohne Zehnerüberschreitung

Du hast bisher immer die Teil**aufgaben** aufgeschrieben und berechnet. Dies war halbschriftliches Multiplizieren. Schneller geht es, wenn du nur die Teil**ergebnisse** aufschreibst.

Berechne schrittweise: erst die Anzahl der Einer,
dann die Anzahl der Zehner,
dann die Anzahl der Hunderter
und dann die Anzahl der Tausender.

Beachte die Schreibweise. Beginne immer rechts.

Beispiel

	T	H	Z	E			
	1	2	3	4	•	2	
			2	4	6	8	

1. 2 • 4 E = 8 E
2. 2 • 3 Z = 6 Z
3. 2 • 2 H = 4 H
4. 2 • 1 T = 2 T

Übung 32

Rechne selbst.

	T	H	Z	E				T	H	Z	E				T	H	Z	E		
	3	2	1	0	•	3		4	0	2	4	•	2		1	2	1	2	•	4

Ergebnisse

8048 8052 4926 4848 9630

Vergleiche S. 73

Aufgaben mit Zehnerüberschreitung

Beispiel

Beim schriftlichen Multiplizieren kommen oft **Zehnerüberschreitungen** vor. Im Beispiel werden viele kleine Geldstücke oder Geldscheine in größere umgewechselt.

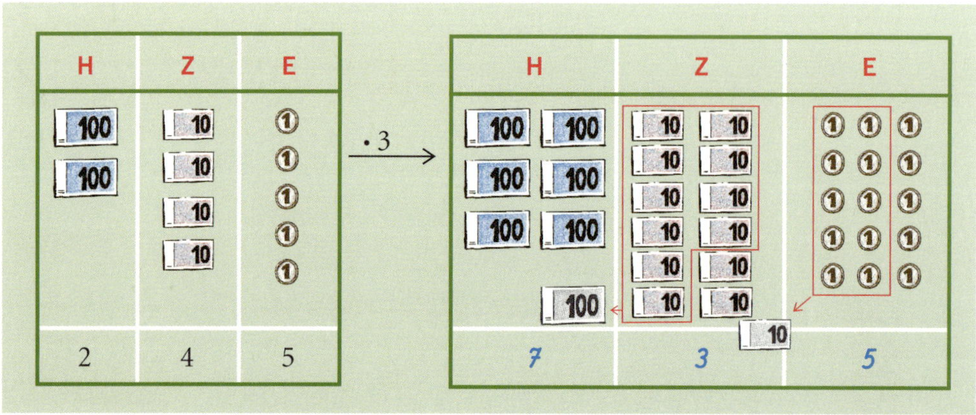

Beispiel

So rechnest du diese Aufgaben schriftlich aus:

	H	Z	E			
	2	4	5	·	3	
			7	3	5	

1. → $3 \cdot 5$ E = 15 E = 1Z + 5 E
(5 hinschreiben, 1 Z merken)

2. → $3 \cdot 4$ Z = 12 Z, 12 Z + 1Z = 13 Z
= 1 H + 3 Z (3 hinschreiben, 1 H merken)

3. → $3 \cdot 2$ H = 6 H, 6 H + 1 H = 7 H
(7 hinschreiben)

Tipp

Zeige die Merkzahlen mit den Fingern.

Übung 33 Rechne selbst.

	H	Z	E				T	H	Z	E				ZT	T	H	Z	E		
	1	2	6	·	3		2	1	2	4	·	4		1	0	2	2	6	·	3

Ergebnisse

Vergleiche S. 73

30678	40420	396	8496	378

Aufgaben mit größeren Zehnerüberträgen

Die **Merkzahl** kann aber auch **größer als 1** sein. Hier ein Beispiel:

Beispiel

	T	H	Z	E			
	2	0	1	9	•	4	

1. 4 • 9 E = 36 E = 3 Z + 6 E
(6 hinschreiben, 3 Z merken)

2. 4 • 1 Z = 4 Z, 4 Z + 3 Z = 7 Z
(7 hinschreiben)

3. 4 • 0 H = 0 H
(0 hinschreiben)

4. 4 • 2 T = 8 T
(8 hinschreiben)

Hinweis

Zeige die Merkzahl 3 mit den Fingern.

Tipp

Es gilt:
Zahl • 0 = 0

Rechne selbst.

Übung 34

	T	H	Z	E				T	H	Z	E				T	H	Z	E		
	1	2	0	8	•	4		3	0	1	9	•	3		1	2	1	7	•	4

4868	9643	9057	3964	4832

Ergebnisse

Vergleiche S. 74

Rechne die acht Aufgaben in deinem Heft. Du kannst nun die Buchstaben T, H, Z und E weglassen.

Übung 35

1208	3209	2129	3017	•	2	3

4258	2416	3624	6418	3418
9051	6387	9627	6034	7695

Ergebnisse

Vergleiche S. 74

Aufgaben mit mehreren großen Zehnerüberträgen

Es gibt auch Aufgaben mit **mehreren großen Zehnerüberträgen.** Dann musst du gut aufpassen.

Beispiel

	T	H	Z	E			
	1	4	6	5	•	4	

1. 4 • 5 E = 20 E = 2 Z + 0 E
(*0* hinschreiben, 2 Z merken)
2. 4 • 6 Z = 24 Z, 24 Z + 2 Z = 26 Z
= 2 H + 6 Z (*6* hinschreiben, 2 H merken)
3. 4 • 4 H = 16 H, 16 H + 2 H = 18 H
= 1 T + 8 H (*8* hinschreiben, 1 T merken)
4. 4 • 1 T = 4 T, 4 T + 1 T = 5 T
(*5* hinschreiben)

Übung 36 Rechne selbst. Bei der ersten Aufgabe erhältst du noch eine Hilfe.

	T	H	Z	E			
	2	5	2	6	•	3	

1. 3 • ___ E = ___ E = ___ Z + ___ E
(___ hinschreiben, ___ Z merken)
2. 3 • ___ Z = ___ Z, ___ Z + ___ Z = ___ Z
(___ hinschreiben)
3. 3 • ___ H = ___ H = ___ T + ___ H
(___ hinschreiben, ___ T merken)
4. 3 • ___ T = ___ T, ___ T + ___ T = ___ T
(___ hinschreiben)

	T	H	Z	E				T	H	Z	E			
	1	6	7	9	•	4		1	8	5	6	•	5	

7578	9280	6716	8642

Ergebnisse

Vergleiche S. 74

Du kannst nun die Buchstaben T, H, Z und E weglassen.

Übung 37

	2	0	4	3	8	•	4			4	0	3	6	5	•	2			1	2	6	3	5	•	6

81863	81752	75810	80730	74740

Ergebnisse

Vergleiche S. 74

Rechne die vier Aufgaben in deinem Heft.

Übung 38

12504	2534	25432	16037	•	4

64148	50016	20246	10136	30849	101728

Ergebnisse

Vergleiche S. 74

Teste dich selbst: Wiederholung des schriftlichen Addierens

Wenn du unsicher bist, wie diese Aufgaben gerechnet werden, arbeite noch einmal die Seiten 10–20 durch.

Bevor du mit dem nächsten Abschnitt beginnst, überprüfst du, wie sicher du das schriftliche Addieren beherrschst.

Rechne die neun Aufgaben in deinem Heft.

384	528	936	+	352	648	728

Ergebnisse

Vergleiche S. 74

1256	880	1112	1288	1584	930
1032	9043	736	1176	1664	

Aufgaben mit zweistelligen Zahlen

Beispiel

So berechnest du das Produkt von 223 • 32:

223 • 30 plus 223 • 2

Hinweis

Es gilt: 223 • 30 = 223 • 3 • 10

Also:

	2	2	3	•	3	2
			6	6	9	0
			1	4 1	4	6
			7	1	3	6

Berechne zuerst das Produkt von 223 • 3 • 10. Du rechnest 223 • 3. Das Ergebnis (669) multiplizierst du mit 10. Du hängst also eine Null an.

223 • 3 • 10:

```
2 2 3 • 3|0
-----------
  6 6 9|0
```

Berechne dann das Produkt von 223 • 2:

```
2 2 3 • 2
---------
    4 4 6
```

Addiere jetzt beide Produkte:

```
  6 6 9 0
+ 1 4 1 4 6
-----------
  7 1 3 6
```

Tipp

Ein Produkt ist das Ergebnis einer Multiplikationsaufgabe.

Rechne selbst. Die Anleitung hilft dir. **Übung 39**

	1	0	2	1	•	2	4

Berechne zuerst 1021 • 20.

Berechne dann 1021 • 4.

Addiere beide Produkte.

24 504	28 607	30 849

Ergebnisse

Vergleiche S. 75

Rechne selbst. Achte auf die Überträge. **Übung 40**

	4	6	5	3	•	4	3			3	4	5	8	•	2	8			1	3	0	5	7	•	3	6

96 824	30 068	200 079	97 925	470 052

Ergebnisse

Vergleiche S. 75

Rechne in deinem Heft. Verbinde die Aufgaben mit den richtigen Lösungen. **Übung 41**

589 • 42 | 3 641 • 36 | 984 • 72

90 314 • 38 | 53 812 • 21 | 6 342 • 39

70 848 | 247 338 | 142 083 | 903 462

3 431 932 | 24 738 | 131 076 | 1 130 052

Ergebnisse

Vergleiche S. 75

Aufgaben mit dreistelligen Zahlen

Beispiel

Das Ergebnis von 328 • 135 berechnest du so:

328 • 100 + 328 • 30 + 328 • 5

Also:

	3	2	8	•	1	3	5
			3	2	8	0	0
				9	8	4	0
			1	1_2	6	4	0
			4	4	2	8	0

Berechne zuerst das Produkt von 328 • 100:

3 2 8 • 1|0 0
3 2 8|0 0

Berechne dann das Produkt von 328 • 30:

3 2 8 • 3|0
9 8 4|0

Berechne nun das Produkt von 328 • 5:

3 2 8 • 5
1 6 4 0

Addiere jetzt alle drei Ergebnisse:

3 2 8 0 0
+ 9 8 4 0
+ $_1$ 1_2 6 4 0
4 4 2 8 0

Übung 42 Rechne selbst. Bei dieser Aufgabe erhältst du noch eine Hilfe.

	4	8	3	•	2	7	6

← Rechne: 483 • 200

← Rechne: 483 • 70

← Rechne: 483 • 6

← Addiere die Ergebnisse.

Ergebnisse

Vergleiche S. 75

532 406 143 409 133 308

Rechne selbst.

Übung 43

483 · 258	342 · 306	361 · 987
1026 · 359	2641 · 216	568 · 763

356 307	106 423	124 614	570 456
368 334	268 358	104 652	433 384

Ergebnisse

Vergleiche S. 75

Rechne nun in deinem Heft. Welche Blätter frisst die Raupe?

Übung 44

Ergebnisse

Vergleiche S. 76

Die Rechenprobe

Du willst nun die Ergebnisse einer Multiplikationsaufgabe kontrollieren. Rechne dann ein zweites Mal. Dabei vertauschst du die Faktoren der Multiplikationsaufgabe. Du erhältst dasselbe Ergebnis.

Tipp «Faktoren» heißen die beiden Zahlen, die miteinander multipliziert werden.

Beispiel

$4 \cdot 8 = 32$ und $8 \cdot 4 = 32$

Das gilt auch für große Multiplikationsaufgaben.

	4	3	2	•	5	3	8
		2	1	6	0	0	0
			1	2	9	6	0
			$_1$	3$_1$	4$_1$	5	6
		2	3	2	4	1	6

5	3	8	•	4	3	2	
	2	1	5	2	0	0	
		1	6	1	4	0	
		$_1$	1	0$_1$	7	6	
	2	3	2	4	1	6	

Übung 45 Rechne selbst und kontrolliere.

Hinweis

Du hast richtig gerechnet, wenn das Ergebnis beider Rechnungen gleich ist.

	5	3	8	•	6	4	2

Kontrolle:

	6	4	2	•	5	3	8

	6	4	3	•	7	5	9

Kontrolle:

				•			

Überprüfe nun diese Übung mit Hilfe des Lösungsteils.

Bearbeite nun die Klassenarbeit Nr. 3 und überprüfe, wie sicher du das «schriftliche Multiplizieren» beherrschst. Du findest die Arbeit auf Seite 65. Lies vorher nochmal die Seite 62.

Teste dich selbst: Das kleine Einmaleins (Dividieren)

Bevor du mit dem nächsten Kapitel beginnst, überprüfst du, wie sicher du die Divisionsaufgaben des kleinen Einmaleins beherrschst. Hast du mehr als 5 Fehler gemacht, wiederholst du zuerst das kleine Einmaleins. Dann arbeitest du weiter.

a)

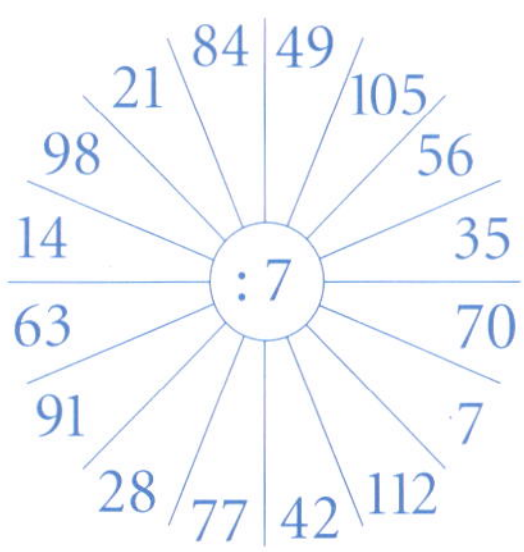

b)

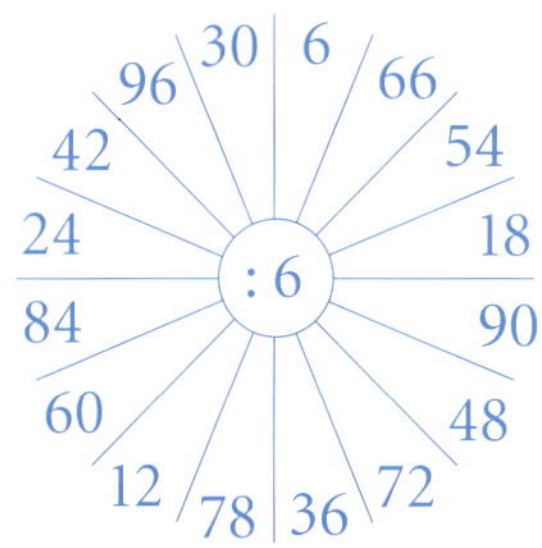

c)

	: 8	: 4	: 2
64			
8			
48			
32			
24			
72			
40			
56			

d)

	: 9	: 3
18		
81		
27		
45		
63		
90		
9		
54		

e)

	: 10	: 5
20		
60		
40		
90		
10		
100		
50		
70		

Überprüfe nun «Teste dich selbst: Das kleine Einmaleins (Dividieren)» mit Hilfe des Lösungsteils.

Schriftliches Dividieren

Aufgaben ohne Zehnerüberschreitung

Herr Kluge möchte 6 936 DM gleichmäßig auf seine 3 Kinder verteilen. Du hilfst ihm.

Verteile weiter. Trage die Anzahl der Scheine und Geldstücke in die Stellentafel ein.

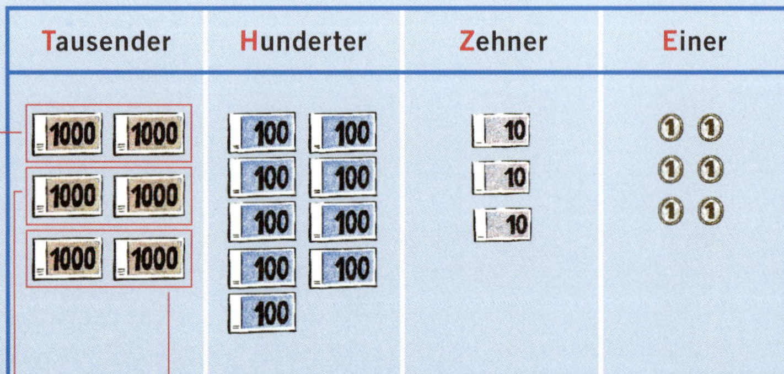

T	H	Z	E
2			

T	H	Z	E
2			

T	H	Z	E
2			

Jedes Kind erhält ________ DM.

Jedes Kind erhält 2 312 DM.

Du berechnest das Ergebnis mit Hilfe einer Stellentafel.

Wichtig: Beim schriftlichen Dividieren fängst du immer **links** an zu rechnen. In diesem Beispiel also bei den Tausendern.

Beispiel

	T	H	Z	E				T	H	Z	E
	6	9	3	6	:	3	=	2	3	1	2
					:	3	=				
					:	3	=				
					:	3	=				
					:	3	=				

6 T : 3 = 2 T (2 hinschreiben)
9 H : 3 = 3 H (3 hinschreiben)
3 Z : 3 = 1 Z (1 hinschreiben)
6 E : 3 = 2 E (2 hinschreiben)

Rechne selbst.

Übung 46

	H	Z	E				H	Z	E	
	8	4	2	:	2	=				
				:	2	=				
				:	2	=				
				:	2	=				

	T	H	Z	E				T	H	Z	E
	3	9	6	9	:	3	=				
					:	3	=				
					:	3	=				
					:	3	=				
					:	3	=				

1425	1323	623	421

Ergebnisse

Vergleiche S. 77

Rechne selbst. Du kannst jetzt die Buchstaben T, H, Z und E weglassen.

Übung 47

8484 : 4 = ______ 9636 : 3 = ______

6396 : 3 = ______ 8844 : 4 = ______

8642 : 2 = ______ 8842 : 2 = ______

3212	2121	4321	3222
2132	2211	4421	4221

Ergebnisse

Vergleiche S. 77

Teste dich selbst: Das kleine Einmaleins (Dividieren mit Rest)

a) Aufgabe: 27 : 5 =

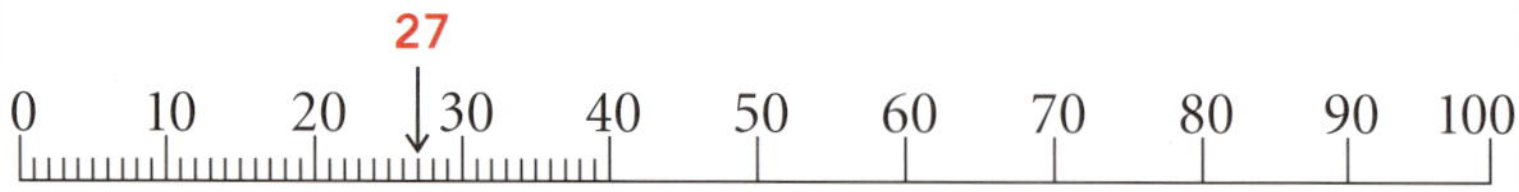

Markiere bis zur Zahl 27 jeden 5. Strich grün. Du siehst nun 5 grüne Striche. Danach stehen noch 2 kleine schwarze Striche. Die Lösung heißt: 27 : 5 = 5 Rest 2

b) Aufgabe: 22 : 3 =

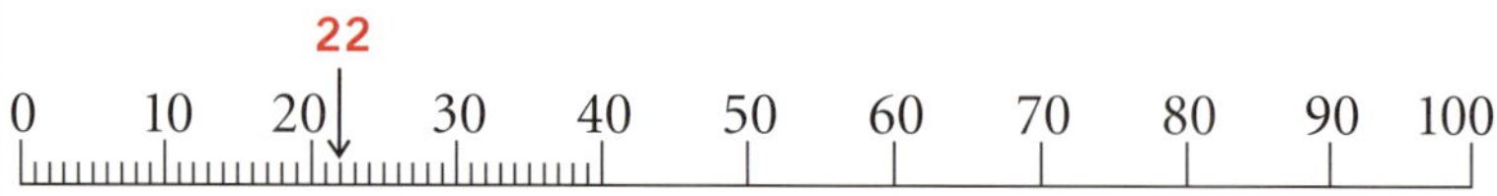

Markiere bis zur Zahl 22 jeden 3. Strich grün. Du siehst nun 7 grüne Striche. Danach steht noch 1 kleiner schwarzer Strich. Die Lösung heißt: 22 : 3 = 7 Rest 1

c) Aufgabe: 54 : 7 =

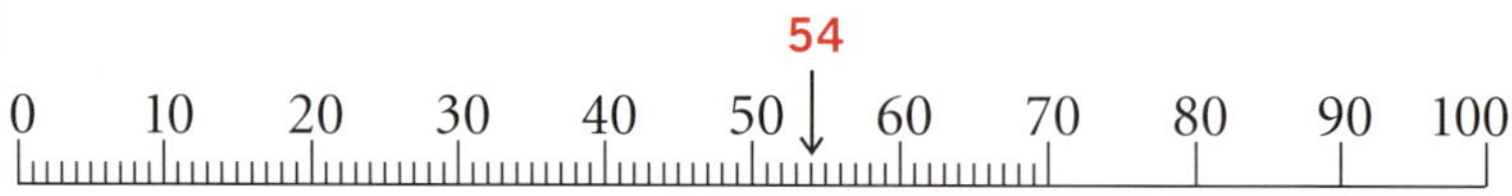

Markiere bis zur Zahl 54 jeden 7. Strich grün. Du siehst nun 7 grüne Striche. Danach stehen noch 5 kleine schwarze Striche. Die Lösung heißt: 54 : 7 = 7 Rest 5

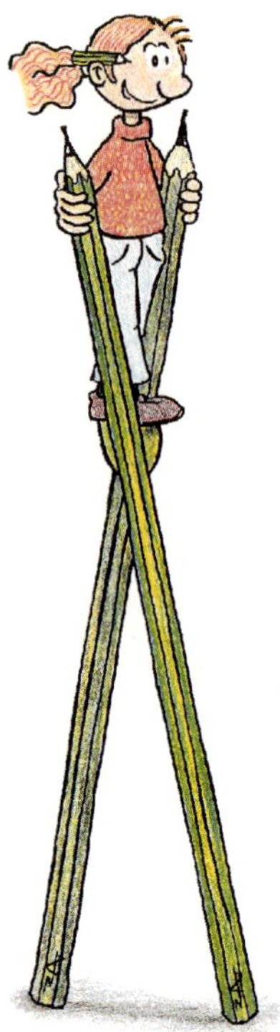

Überprüfe nun «Teste dich selbst: Das kleine Einmaleins (Dividieren mit Rest)» mit Hilfe des Lösungsteils.

d) Rechne die 42 Aufgaben in deinem Heft. Viele Aufgaben haben einen Rest.

47	51	34	23	38	19	17	:	7	6	4	3	2	8

Aufgaben mit einer Zehnerüberschreitung

Zwei Freunde haben im Lotto 742 DM gewonnen. Sie teilen sich den Gewinn.

Beim Verteilen der 100-DM-Scheine bleibt ein 100-DM-Schein übrig. Diesen müssen die Freunde in zehn 10-DM-Scheine umwechseln (1 H = 10 Z). Nun kann wieder aufgeteilt werden.

Die Rechnung sieht so aus:

1. Erste Zahl teilen, Ergebnis hinschreiben.
2. «Rückwärts» rechnen. Du multiplizierst das Ergebnis mit dem Teiler und schreibst dieses Ergebnis unter die geteilte Zahl.
3. Rest berechnen und hinschreiben.
4. Du schreibst die nächste Zahl aus der Stellentafel neben den Rest und teilst die Zahl. Ergebnis hinschreiben.

Es wiederholen sich die Schritte 2.–4.

Beispiel

	H	Z	E				H	Z	E	
	7	4	2	:	2	=	3	7	1	
	6			:	2	=				
	1	4		:	2	=				
	1	4								
		0	2	:	2	=				
			2							
			0							

7 H : 2 = 3 H, denn
3 H · 2 = 6 H
Rest 1 H

1 H + 4 Z = 14 Z, 14 Z : 2 = 7 Z,
denn 7 Z · 2 = 14 Z
Rest 0 Z

2 E : 2 = 1 E, denn
1 E · 2 = 2 E
Rest 0 E

Bleibt beim Dividieren ein Rest übrig, so musst du diesen Rest in eine kleinere Einheit umwandeln, z. B. einen 100-DM-Schein in zehn 10-DM-Scheine.

Übung 48 Rechne selbst. Die Anleitung hilft dir. Beachte, wann du umwandeln musst.

Tipp 1 T = 10 H; 1 H = 10 Z; 1 Z = 10 E

	T	H	Z	E				T	H	Z	E
	5	1	6	9	:	3	=	*1*			
					:	3	=				
					:	3	=				
					:	3	=				
							=				
					:	3	=				

5 T : 3 = *1* T, 1 T • 3 = ___ T, Rest ___ T

___ T + ___ H = ___ H, ___ H : 3 = ___ H, ___ H • 3 = ___ H, Rest ___ H

___ Z : 3 = ___ Z, ___ Z • 3 = ___ Z, Rest ___ Z

___ E : 3 = ___ E, ___ E • 3 = ___ E, Rest ___ E

	T	H	Z	E				T	H	Z	E
	8	9	2	8	:	4	=				
					:	4	=				
					:	4	=				
					:	4	=				
							=				
					:	4	=				

8 T : 4 = ___ T, ___ T • 4 = ___ T, Rest ___ T

___ H : 4 = ___ H, ___ H • 4 = ___ H, Rest ___ H

___ H + ___ Z = ___ Z, ___ Z : 4 = ___ Z, ___ Z • 4 = ___ Z, Rest ___ Z

___ E : 4 = ___ E, ___ E • 4 = ___ E, Rest ___ E

Ergebnisse

Vergleiche S. 78

2232	1723	1869	3223

Rechne nun ohne Pfeile und ohne Anleitungen.

Übung 49

	T	H	Z	E				T	H	Z	E
	8	9	6	8	:	8	=				

	T	H	Z	E				T	H	Z	E
	9	6	8	1	:	3	=				

	T	H	Z	E				T	H	Z	E
	9	6	4	8	:	2	=				

	T	H	Z	E				T	H	Z	E
	3	9	7	5	:	3	=				

4824 9642 1121 3438 3227 1325

Ergebnisse

Vergleiche S. 78

Rechne selbst. Verbinde die Aufgaben mit den richtigen Lösungen.

Übung 50

THZE
8524 : 4

THZE
8466 : 6

THZE
8169 : 3

THZE
8555 : 5

THZE
6472 : 2

1411 1711 2131 2264 2723 3145 3236

Ergebnisse

Vergleiche S. 79

Aufgaben mit mehreren Zehnerüberschreitungen

Viele Divisionsaufgaben haben in mehreren Teilrechnungen einen Rest.

Tipp 1 T = 10 H; 1 H = 10 Z; 1 Z = 10 E

Beispiel

	T	H	Z	E				T	H	Z	E
	9	8	6	5	:	5	=	1	9	7	3
	5				:	5	=				
	4	8			:	5	=				
	4	5									
		3	6		:	5	=				
		3	5								
			1	5	:	5	=				
			1	5							
				0							

9 T : 5 = 1 T, 1 T • 5 = 5 T, Rest 4 T

4 T + 8 H = 48 H, 48 H : 5 = 9 H,
9 H • 5 = 45 H, Rest 3 H

3 H + 6 Z = 36 Z, 36 Z : 5 = 7 Z,
7 Z • 5 = 35 Z, Rest 1 Z

1 Z + 5 E = 15 E, 15 E : 5 = 3 E,
3 E • 5 = 15 E, Rest 0 E

Übung 51 Rechne selbst. Restbeträge musst du umwandeln.

	T	H	Z	E				T	H	Z	E
	7	4	1	0	:	6	=				

	T	H	Z	E				T	H	Z	E
	9	8	7	2	:	8	=				

Ergebnisse

Vergleiche S. 79

1235 1876 1964 1234

Rechne in deinem Heft. Verbinde die Aufgaben mit den richtigen Lösungen.

Übung 52

7869 : 3 — 7284 : 4 — 6085 : 5

7686 : 6 — 8764 : 7

1281 — 1821 — 1252 — 2623 — 1841 — 1217 — 2713

Ergebnisse

Vergleiche S. 80

Die erste Zahl lässt sich nicht durch den Divisor teilen

Vier 1000-DM-Scheine kannst du nicht unter 8 Personen aufteilen. Wandle die 1000-DM-Scheine in 100-DM-Scheine um.

Hilfe

Vergleiche S. 50

Beispiel

	T	H	Z	E				T	H	Z	E
	4	5	1	2	:	8	=		5	6	4
	4	0			:	8	=	1.			
		5	1	—	:	8	=	2.			
		4	8				=				
			3	2	:	8	=	3.			
			3	2							
				0							

Du kannst 4 T nicht durch 8 teilen.
Deshalb rechnest du:

1. 45 H : 8 = 5 H, 5 H • 8 = 40 H, Rest 5 H
2. 5 H + 1 Z = 51 Z, 51 Z : 8 = 6 Z, 6 Z • 8 = 48 Z, Rest 3 Z
3. 3 Z + 2 E = 32 E, 32 E : 8 = 4 E, 4 E • 8 = 32 E, Rest 0 E

Tipp

Die Zahl, durch die geteilt wird, heißt Divisor.

Übung 53 Rechne in deinem Heft. Wandle als Erstes die Tausender in Hunderter um. Vergiss nicht, die Restbeträge umzuwandeln. Verbinde die Aufgaben mit den richtigen Lösungen.

6811 : 7 3640 : 8 1862 : 2

5944 : 8 7308 : 4 6111 : 9

Ergebnisse

483 679 1827 931 455 564 743 973

Vergleiche S. 80–81

Eine Null im Ergebnis

Du weißt: 7 : 9 = 0 Rest 7, 4 : 5 = 0 Rest 4.
Manchmal muss man beim Dividieren eine Null hinschreiben, weil die Zahl, die geteilt werden soll, kleiner ist als der Teiler.
(Siehe oben: 7 < 9, 4 < 5)

Beispiel

	ZT	T	H	Z	E				ZT	T	H	Z	E
	5	4	3	5	0	:	5	=	1	0	8	7	0
	5												
	0	4				:	5	=					
		0											
		4	3										
		4	0										
			3	5									
			3	5									
				0	0	:	5	=					

4 T : 5 = 0, Rest 4 T

0 E : 5 = 0, Rest 0 E

Rechne selbst. Bei den roten Zahlen musst du besonders aufpassen. **Übung 54**

ZT	T	H	Z	E				ZT	T	H	Z	E
1	6	**1**	9	2	:	2	=					

ZT	T	H	Z	E				ZT	T	H	Z	E
5	2	2	**6**	3	:	9	=					

T	H	Z	E				T	H	Z	E
6	**1**	8	0	:	6	=				

ZT	T	H	Z	E				ZT	T	H	Z	E
1	4	**5**	6	**0**	:	7	=					

T	H	Z	E				T	H	Z	E
9	**2**	8	8	:	9	=				

T	H	Z	E				T	H	Z	E
2	4	**3**	2	:	4	=				

8 096	5 904	1 030	608
5 807	2 051	1 032	2 080

Ergebnisse

Vergleiche S. 81 – 82

Die Rechenprobe

Beispiel

Du willst die Ergebnisse einer Divisionsaufgabe kontrollieren. Dazu machst du aus der Divisionsaufgabe nun eine Multiplikationsaufgabe.

56 : 8 = 7 denn 7 • 8 = 56

	1	2	8	4	:	4	=	3	2	1			3	2	1	•	4
	1	2												1	2	8	4
		0	8														
		0	8														
			0	4													
				4													
				0													

Tipp

Das gilt auch für große Divisionsaufgaben.

Übung 55 Rechne selbst. Kontrolliere anschließend.

1	9	9	9	8	:	3	=	Kontrolle			•	3

3	8	8	8	5	:	7	=	Kontrolle			•	7

Tipp

Du erhältst lustige Ergebnisse.

Überprüfe nun diese Übung mit Hilfe des Lösungsteils.

Rechne in deinem Heft. Verbinde die Aufgaben mit den richtigen Lösungen.

Übung 56

Ergebnisse

Vergleiche S. 82–83

Aufgaben mit Rest

Bei manchen Divisionsaufgaben bleibt eine Zahl übrig, durch die du nicht mehr teilen kannst. Diese Zahl nennt man **Rest**.

Beispiel

T	H	Z	E				T	H	Z	E		
3	5	3	2	:	5	=		7	0	6	Rest	2
3	5											
	0	3										
		0										
		3	2									
		3	0									
			2									

2 kannst du nicht mehr durch 5 teilen

Tipp

3 T : 5 geht nicht, wandle um in 35 H : 5.

So kontrollierst du: Du addierst den Rest am Schluss.

7	0	6	·	5	→		3	5	3	0
3	5	3	0			+				2
							3	5	3	2

Übung 57 Rechne selbst. Es bleibt immer ein Rest übrig.

5892 : 9 =

Kontrolle

_____ · 9 ⟶ + _____

5647 : 6 =

Kontrolle

_____ · 6 ⟶ + _____

4938 : 5 =

Kontrolle

_____ · 5 ⟶ + _____

Ergebnisse
Vergleiche S. 83

987 R 3 | 885 R 3 | 654 R 6 | 941 R1 | 643 R 1

Übung 58 Rechne in deinem Heft mit Rechenprobe.

9211 : 9

25283 : 4

Ergebnisse
Vergleiche S. 83 – 84

1023 R 4 | 6290 R 2 | 1075 R 3 | 6320 R 3

Eine Vorübung: Fülle die Tabelle aus.

Übung 59

•	10	11	12	13	14	15	16	17	18	19	20
1		11									
2		22									
3		33				45					
4		44							72		
5		55						85			
6		66	72							114	
7		77			98						
8		88		104							
9		99					144				
10	100	110									200

Ergebnisse

Vergleiche S. 84

Dividieren durch eine Zahl zwischen 10 und 20

Beispiel

	H	Z	E					H	Z	E
	8	4	5	:	1	3	=		6	5
	7	8		:	1	3	=		↑	↑
		6	5	:	1	3	=			
		6	5							
			0							

So rechnest du: 8 H kannst du nicht durch 13 teilen. Du wandelst die Hunderter in Zehner um.

1. 84 Z : 13 = 6 Z, 6 Z • 13 = 78 Z, Rest 6 Z
2. 6 Z + 5 E = 65 E, 65 E : 13 = 5 E, 5 E • 13 = 65 E, Rest 0 E

Hilfe

Beim Dividieren durch eine Zahl zwischen 10 und 20 hilft dir die Tabelle von Übung 59.

Rechne in deinem Heft. Die Tabelle hilft dir.

Übung 60

910 : 14   1764 : 18   1224 : 17

540 : 15   7848 : 12   1053 : 13

36	65	72	92	654	81	98	85

Ergebnisse

Vergleiche S. 84

Übung 61 Rechne in deinem Heft. Kontrolliere anschließend.

Hilfe

Nutze die Tabelle auf Seite 57. Weißt du noch, wie die Kontrolle geht? Vergleiche S. 54

1246 : 14 =	Kontrolle · 14
7752 : 17 =	Kontrolle · 17

Ergebnisse Vergleiche S. 85

89	456	102	98

Übung 62 Aufgaben mit Rest. Rechne in deinem Heft. Kontrolliere anschließend.

1981 : 16 =	Kontrolle · 16	+
11846 : 15 =	Kontrolle · 15	+

Ergebnisse Vergleiche S. 85

946 R 11	123 R 13	643 R 12	789 R 11

Bearbeite nun die Klassenarbeit Nr. 4 und überprüfe, wie sicher du das «schriftliche Dividieren» beherrschst. Du findest die Arbeit auf den Seiten 66 – 67. Lies vorher die Seite 62.

Wiederholungsübungen

1. Wiederholung

Du hast das Buch fertig bearbeitet. Jetzt hast du zwei Wochen Pause. Trage das Datum des Tages, an dem du mit den Wiederholungsübungen anfangen wirst (heute in zwei Wochen), in die folgende Tabelle und in deinen Kalender (oder in den deiner Eltern) ein. Hake dann alle Übungen, die du erledigt hast, nach und nach in der Tabelle ab. Bearbeite pro Tag zwei Übungen.

1. Wiederholung	Beginn: ______				
W 1.1	W 1.2	W 1.3	W 1.4	W 1.5	W 1.6

W 1.1

Beginne bei der Aufgabe mit dem Stern. Das Ergebnis ist dann die erste Zahl der nächsten Aufgabe. Und so weiter. Trage die Buchstaben ein, dann erhältst du das Lösungswort.

* G 1000 – 528	I 2167 + 777	Z 1633 – 188	N 1729 – 96	A 2387
M 2944 – 557	R 2754 – 587	A 472 + 1257	P 1445 + 1309	

G __ __ __   __ __ __ __ __

W 1.2

Rechne noch einige Würfel-Aufgaben wie auf Seite 20.

Plus-Aufgaben:

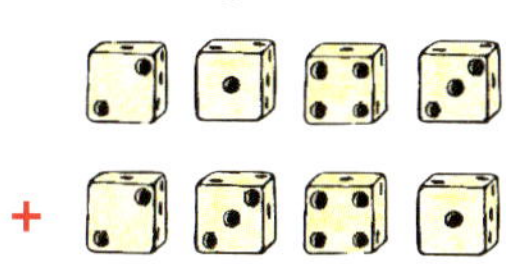

Minus-Aufgaben:

4-mal würfeln

3-mal würfeln

Bitte deine Eltern, die Aufgaben nachzusehen.

W 1.3

1536	35 846	20 168	1089	•	6

Ergebnisse

6534	131 080	9216
215 076	121 008	16 240

W 1.4

576	3421	5782	6801	7854	•	48

Ergebnisse

Vergleiche S. 85–86

376 992	347 883	326 448	164 208
27 648	277 536	288 648	

W 1.5

11 772	11 880	5427	72 450	:	9

Ergebnisse

603	8050	1308
670	7080	1320

W 1.6

10 668	7896	12 384	8376	:	12

Ergebnisse

Vergleiche S. 86–87

698	624	658
889	789	1032

Hilfe

2. Wiederholung

Jetzt hast du die «1. Wiederholung» beendet. Du hast nun vier Wochen Pause. Trage das Datum des Tages, an dem du mit den 2. Wiederholungsübungen anfangen wirst (heute in vier Wochen), in die Tabelle und in deinen Kalender (oder in den deiner Eltern) ein. Verfahre dann genauso wie bei der 1. Wiederholung.

2. Wiederholung	Beginn: ______				
W 2.1	W 2.2	W 2.3	W 2.4	W 2.5	W 2.6

Rechne die Aufgaben in deinem Heft aus. Zu jedem Ergebnis passt eine Farbe (vgl. die Aufstellung unten auf der Seite). Male am Schluss den Clown fertig aus. Die Farben kannst du dann selbst bestimmen.

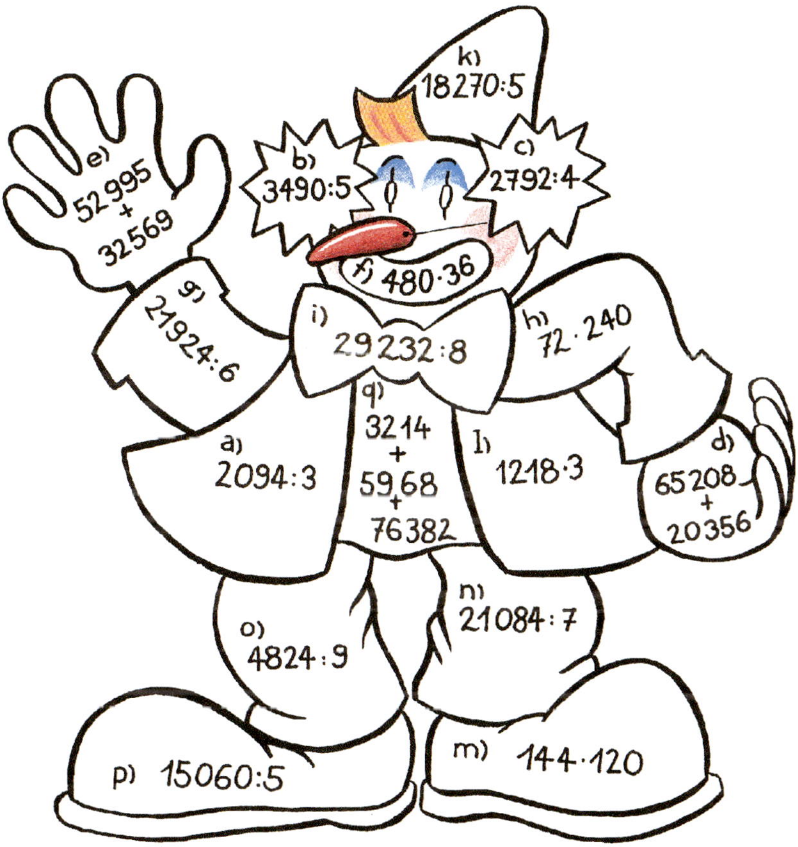

W 2.1: a, b, c

W 2.2: d, e, q

W 2.3: f, h, m

W 2.4: g, i, k, l

W 2.5: n, p

W 2.6: o

Ergebnisse

Vergleiche S. 87–89

Eine gute Vorbereitung: Klassenarbeiten zum Üben

Tipp

Hier einige Tipps, die dir helfen, bessere Klassenarbeiten zu schreiben.

Nicht gleich anfangen! Wenn der Aufgabenzettel ausgeteilt ist, solltest du auf keinen Fall sofort zu arbeiten beginnen, sonst gehen dir vielleicht wichtige mündliche Tipps und Hinweise verloren, die der Lehrer gibt. Solche Hinweise schreibst du nicht auf irgendeinen Zettel, sondern gleich auf das Aufgabenblatt.

Alles durchlesen! Lies die Aufgabenstellung sorgfältig Wort für Wort durch und markiere mit dem Farbstift wichtige Stellen des Arbeitsauftrages. Bei jeder Aufgabe solltest du genau überlegen: Was ist gegeben – was soll ich machen?

Die Zeit einteilen! Teile die Zeit entsprechend der Anzahl der Aufgaben ein. Solltest du innerhalb der geplanten Zeit die Aufgabe nicht lösen können, fange mit der nächsten an.

Vom Leichten zum Schweren! Bearbeite erst die Aufgaben, die du auf Anhieb lösen kannst; dann legt sich auch deine Aufregung.

Genau abschreiben! Wenn du z. B. Aufgaben in dein Heft übertragen sollst, passieren leicht Abschreibfehler. Das kann schon einen Punktabzug bedeuten.

Eine Probe machen! Das fertige Ergebnis solltest du, wenn du Zeit hast, noch einmal überprüfen. Stellst du dabei fest, dass du einen Fehler gemacht hast, schreibst du die Aufgabe ab und löst sie erneut.

Für jede Klassenarbeit gibt es eine Zeitvorgabe. Stelle dir einen Wecker. Arbeite bitte nicht länger, damit du eine realistische Einschätzung deines Arbeitstempos bekommst. Die Bewertungspunkte stehen immer rechts neben der Aufgabe. Am Ende der Arbeit erfährst du, wie du deine Gesamtpunktzahl ermittelst und deine Leistung einschätzen kannst.

Klassenarbeit Nr. 1:
Schriftliches Addieren

242	582	216
+ 653	+ 310	+ 543

je 2 Punkte
= 6 Punkte

122	83	72
+ 12	+ 815	+ 626

je 2 Punkte
= 6 Punkte

243	183	663
+ 628	+ 8	+ 17

je 3 Punkte
= 9 Punkte

687	832	789
+ 235	+ 78	+ 11

je 4 Punkte
= 12 Punkte

103	188	454
+ 206	+ 260	+ 308
+ 459	+ 345	+ 170

je 4 Punkte
= 12 Punkte

Überprüfe nun deine Lösungen.

Klassenarbeit Nr. 2: Schriftliches Subtrahieren

je 2 Punkte
= 4 Punkte

$$\begin{array}{r} 864 \\ -\,523 \\ \hline \end{array} \qquad \begin{array}{r} 964 \\ -\,851 \\ \hline \end{array}$$

je 2 Punkte
= 4 Punkte

$$\begin{array}{r} 985 \\ -\,82 \\ \hline \end{array} \qquad \begin{array}{r} 1234 \\ -\,21 \\ \hline \end{array}$$

je 2 Punkte
= 8 Punkte

$$\begin{array}{r} 723 \\ -\,611 \\ \hline \end{array} \quad \text{Probe } \begin{array}{r} \\ + \\ \hline \end{array} \qquad \begin{array}{r} 625 \\ -\,13 \\ \hline \end{array} \quad \text{Probe } \begin{array}{r} \\ + \\ \hline \end{array}$$

3 + 3 + 4 Punkte
= 10 Punkte

$$\begin{array}{r} 8364 \\ -\,6128 \\ \hline \end{array} \qquad \begin{array}{r} 9632 \\ -\,8317 \\ \hline \end{array} \qquad \begin{array}{r} 642 \\ -\,481 \\ \hline \end{array}$$

4 + 5 + 5 Punkte
= 14 Punkte

$$\begin{array}{r} 9809 \\ -\,19 \\ \hline \end{array} \qquad \begin{array}{r} 988 \\ -\,322 \\ -\,123 \\ \hline \end{array} \qquad \begin{array}{r} 799 \\ -\,145 \\ -\,603 \\ \hline \end{array}$$

Überprüfe nun deine Lösungen.

Klassenarbeit Nr. 3: Schriftliches Multiplizieren

1324 · 2	3032 · 3	je 2 Punkte = 4 Punkte
2213 · 4	1035 · 3	je 3 Punkte = 6 Punkte
2019 · 3	2018 · 4	je 3 Punkte = 6 Punkte
1356 · 7	8435 · 4	je 4 Punkte = 8 Punkte
3064 · 42	636 · 78	je 5 Punkte = 10 Punkte
307 · 842	Kontrolle ·	je 6 Punkte = 12 Punkte

Überprüfe nun deine Lösungen.

Klassenarbeit Nr. 4: Schriftliches Dividieren

7 2 8 4 : 4 =

2 Punkte

4 8 9 5 : 5 =

4 Punkte

3 2 5 6 5 : 5 =

5 Punkte

1 6 2 7 2 : 8 =

5 Punkte

5 7 1 8 6 : 9 =

5 Punkte

Kontrolle: ________ · ________

5 Punkte

3179 : 5 = R

5 Punkte

13818 : 14 =

8 Punkte

Überprüfe nun deine Lösungen.

Zum Vergleichen: Die Lösungen

Schriftliches Addieren

Aufgaben ohne Zehnerüberschreitung
Seite 11

Lösungen zu Übung 1

H Z E	H Z E	H Z E	H Z E	H Z E
3 2 6	3 8 4	1 9 1	7 8 4	2 3 2
+ 2 4 3	+ 6 1 2	+ 2 0 3	+ 2 1 5	+ 5 6 5
5 6 9	9 9 6	3 9 4	9 9 9	7 9 7

Seite 11

Lösungen zu Übung 2

H Z E	H Z E
4 8 1	5 3 7
+ 5 0 3	+ 3 6 1
9 8 4	8 9 8

Seite 12

Lösungen zu Übung 3

3 2 4	2 2 3	3 0 2	1 1 5
+ 5 7 5	+ 4 2 3	+ 2 6 1	+ 1 0 3
8 9 9	6 4 6	5 6 3	2 1 8

Addieren von Zahlen mit unterschiedlicher Stellenzahl
Seite 13

Lösungen zu Übung 4

H Z E	H Z E	H Z E	H Z E
1 3 2	7 0 1	8 9	7 4
+ 2 6	+ 8 6	+ 2 1 0	+ 3 0 5
1 5 8	7 8 7	2 9 9	3 7 9

Seite 13

Lösungen zu Übung 5

2 3 2	3 1 2	1 3 3	8 5	3 5 2
+ 6 7	+ 6 7 6	+ 6 6	+ 9 1 4	+ 1 4 7
2 9 9	9 8 8	1 9 9	9 9 9	4 9 9

4 5 4	2 3 1	3 0 7	7 3
+ 2 5	+ 2 4 8	+ 2 0 2	+ 5 2 2
4 7 9	4 7 9	5 0 9	5 9 5

I C H K A N N E S !

Vorübungen zur Zehnerüberschreitung
Seite 14

Lösungen zu Übung 6

17 E = 1 Z + 7 E	23 Z = 2 H + 3 Z
23 E = 2 Z + 3 E	18 Z = 1 H + 8 Z
14 E = 1 Z + 4 E	29 Z = 2 H + 9 Z

Lösungen zu Übung 7

Aufgaben mit einer Zehnerüberschreitung
Seite 16

3 6 2	5 3 8	6 7 3	4 3 6
+ 1 1_1 9	+ 1 2_1 4	+ 3 1_1 7	+ 4 3_1 6
4 8 1	6 6 2	9 9 0	8 7 2

Lösungen zu Übung 8

Seite 17

4 8 2	4 8 9	5 6 1	8 6 3
+ 4_1 4 3	+ 2_1 3 0	+ 3_1 6 8	+ $_1$ 7 2
9 2 5	7 1 9	9 2 9	9 3 5

Lösungen zu Übung 9

Aufgaben mit mehreren Zehnerüberschreitungen
Seite 18

4 9 8	3 8 7	4 4 4	5 6 3
+ 1_1 2_1 3	+ 2_1 6_1 5	+ 2_1 7_1 7	+ 1_1 9_1 8
6 2 1	6 5 2	7 2 1	7 6 1

3 8 6	3 6 6	7 5 8	4 5 9
+ 2_1 4_1 5	+ 5_1 5_1 5	+ $_1$ 5_1 8	+ $_1$ 9_1 6
6 3 1	9 2 1	8 1 6	5 5 5

S E H R G U T !

Lösungen zu Übung 10

Seite 18

2 8 5	1 3 6	3 0 2	4 9 9
+ 4 0 2	+ 2 2_1 9	+ 1 7_1 9	+ 2_1 4_1 5
6 8 7	3 6 5	4 8 1	7 4 4

4 1 0	5 8 9	3 0 3	4 9 8
ı 3_1 9 7	+ 2 0_1 7	+ 1 5 6	+ 2_1 2_1 9
8 0 7	7 9 6	4 5 9	7 2 7

7 5 1	6 4 8	2 3 1	8 7 2
+ 2 0 5	+ 2_1 9_1 9	+ 6 2_1 9	+ $_1$ 6_1 8
9 5 6	9 4 7	8 6 0	9 4 0

Lösungen zu Übung 11

Aufgaben mit mehr als zwei Summanden
Seite 19

2 0 9	1 6 2	5 1 7	5 3 6
+ 4 3 1	+ 3 3 5	+ 2 8 5	+ 1 1 2
+ 1 1_1 9	+ 2_1 8_1 3	+ 1_1 0_1 3	+ 3 4_1 7
7 5 9	7 8 0	9 0 5	9 9 5

4 1 4	3 8 8	2 3 0	1 0 2
+ 2 3 7	+ 1 8 7	+ 3 4 5	+ 6 5 4
+ 1_1 9_1 5	+ 3_1 1_1 3	+ 2_1 4_1 7	+ 1_1 5_1 8
8 4 6	8 8 8	8 2 2	9 1 4

G A N Z T O L L !

Radiere falsche Lösungen aus. Bearbeite diese Aufgaben noch einmal.

Knobeleien Seite 20

Lösungen zu Übung 13

9068				
4822	4246			
2324	2498	1748		
1092	1232	1266	482	
764	328	904	362	120

Seite 20

Lösungen zu Übung 14

		9	1	6
+	1	4	6	2
+	1_1	2_1	6_1	4
	3	6	4	2

	1	4	8	6	9
+	1	1	6	4	3
+	7	2_1	3_1	2_1	1
	9	8	8	3	3

	3	8	6	1	0
+	3	6	2	3	1
+	$_1$	4_1	3	4_1	9
	7	9	1	9	0

Schriftliches Subtrahieren

Aufgaben ohne Zehnerüberschreitung Seite 22

Lösungen zu Übung 15

	H	Z	E
	3	5	9
−	1	4	2
	2	1	7

	H	Z	E
	3	8	2
−	1	1	0
	2	7	2

	H	Z	E
	9	3	8
−	1	2	7
	8	1	1

	H	Z	E
	2	3	5
−	1	0	1
	1	3	4

	H	Z	E
	8	8	8
−	2	3	7
	6	5	1

Subtrahieren von Zahlen mit unterschiedlicher Stellenzahl Seite 22

Lösungen zu Übung 16

	H	Z	E
	6	9	8
−		4	5
	6	5	3

	H	Z	E
	9	8	9
−		7	1
	9	1	8

	H	Z	E
	8	7	6
−		5	4
	8	2	2

	H	Z	E
	7	5	7
−		4	6
	7	1	1

Seite 23

Lösungen zu Übung 17

	9	7	5
−		2	1
	9	5	4

	6	3	3
−		1	2
	6	2	1

	6	8	9
−		4	4
	6	4	5

	9	8	7
−		5	6
	9	3	1

	6	3	5
−		2	5
	6	1	0

	9	8	9
−		7	9
	9	1	0

Die Rechenprobe Seite 24

Lösungen zu Übung 18

	8	7	5
−	6	2	3
	2	5	2

	2	5	2
+	6	2	3
	8	7	5

	7	5	5
−		1	2
	7	4	3

	7	4	3
+		1	2
	7	5	5

Seite 24

Lösungen zu Übung 19

Radiere falsche Lösungen aus. Bearbeite diese Aufgaben noch einmal.

a)

	9	3	3
−	8	2	2
	1	(2)	1

Probe:

	1	2	1
+	8	2	2
	9	4	3

f

b)

	8	8	7
−	6	3	5
	2	5	2

Probe:

	2	5	2
+	6	3	5
	8	8	7

		Probe:			Probe:
c)	9 8 2	3 1 1	d)	9 6 3	5 3 2
	− 6 7 2	+ 6 7 2		− 4 3 1	+ 4 3 1
	3 1 (1)	f 9 8 3		5 3 2	9 6 3
e)	4 3 1	2 0 1	f)	7 5 3	5 0 1
	− 2 0 0	+ 2 0 0		− 2 5 2	+ 2 5 2
	2 (0) 1	f 4 0 1		5 0 1	7 5 3

Vergleiche mit Seite 23. Das Ergebnis der Plus-Aufgabe muss der obersten Zahl der Minus-Aufgabe entsprechen. Du erkennst sofort, in welcher Spalte falsch gerechnet wurde.

Vorübungen zur Zehnerüberschreitung Seite 25

Lösungen zu Übung 20

7	1 7	2 7	3 7	4 7	5 7	6 7
− 3	− 1 3	− 2 3	− 3 3	− 4 3	− 5 3	− 6 3
4	4	4	4	4	4	4

Aufgaben mit einer Zehnerüberschreitung an unterschiedlichen Stellen der Stellentafel Seite 26

Lösung zu Übung 21

Hunderter	Zehner	Einer
100	10 10 10 10 10 10	1 1 1 + 10
100	10 10 + 10	1 1 1 1 1 1 1 1 1
	3	4

1. 9 E + 4 E = 13 E
2. 1 Z + 2 Z + 3 Z = 6 Z
3. 1 H + 0 H = 1 H

Du addierst zehn 1-DM-Stücke zu den Einern und einen 10-DM-Schein zu den Zehnern. Vergleiche Seite 25.

Er muss also noch 34 DM sparen.

Lösungen zu Übung 22

Seite 27

H	Z	E		H	Z	E
3	9	1 [10]		2	6	5 [10]
− 2	4 [1]	5		− 1	3 [1]	9
1	4	6		1	2	6

5 E + 6 E = 11 E
1 Z + 4 Z + 4 Z = 9 Z
2 H + 1 H = 3 H

9 E + 6 E = 15 E
1 Z + 3 Z + 2 Z = 6 Z
1 H + 1 H = 2 H

Lösungen zu Übung 23

Seite 27

3 5 2 [10]	4 6 5 [10]	4 9 7 [10]	2 7 4 [10]
− 1 4 [1] 6	− 2 2 [1] 8	− 3 8 [1] 9	− 1 3 [1] 7
2 0 6	2 3 7	1 0 8	1 3 7

Seite 27 **Lösungen zu Übung 24**

$$\begin{array}{rrr} 3 & 2 & 1 \\ -\,2 & 1_{1} & 9 \\ \hline 1 & 0 & 2 \end{array} \qquad \begin{array}{rrr} 2 & 4 & 6 \\ - & 2_{1} & 9 \\ \hline 2 & 1 & 7 \end{array} \qquad \begin{array}{rrr} 4 & 8 & 0 \\ -\,2 & 2_{1} & 7 \\ \hline 2 & 5 & 3 \end{array} \qquad \begin{array}{rrr} 9 & 8 & 6 \\ - & 6_{1} & 7 \\ \hline 9 & 1 & 9 \end{array}$$

Seite 28 **Lösungen zu Übung 25**

$$\begin{array}{rrr} H & Z & E \\ 5 & 3 & 2 \\ -\,3\boxed{1} & 8 & 1 \\ \hline 1 & 5 & 1 \end{array}$$

1 E + 1 E = 2 E
8 Z + 5 Z = **1**3 Z
1 H + 3 H + 1 H = 5 H

$$\begin{array}{rrrr} T & H & Z & E \\ 4 & 5 & 6 & 2 \\ -\,2\boxed{1} & 6 & 3 & 1 \\ \hline 1 & 9 & 3 & 1 \end{array}$$

1 E + 1 E = 2 E
3 Z + 3 Z = 6 Z
6 H + 9 H = **1**5 H
1 T + 2 T + 1 T = 4 T

Seite 28 **Lösungen zu Übung 26**

$$\begin{array}{rrrr} 3 & 6 & 7 & 5 \\ -\,1_{1} & 9 & 6 & 3 \\ \hline 1 & 7 & 1 & 2 \end{array} \qquad \begin{array}{rrr} 4 & 2 & 1 \\ -\,2 & 1_{1} & 9 \\ \hline 2 & 0 & 2 \end{array} \qquad \begin{array}{rrr} 9 & 8 & 7 \\ -\,2_{1} & 9 & 5 \\ \hline 6 & 9 & 2 \end{array} \qquad \begin{array}{rrrr} 9 & 2 & 2 & 0 \\ -\,2_{1} & 3 & 1 & 0 \\ \hline 6 & 9 & 1 & 0 \end{array}$$

$$\begin{array}{rrr} 7 & 5 & 0 \\ -\,3 & 4_{1} & 8 \\ \hline 4 & 0 & 2 \end{array} \qquad \begin{array}{rrr} 5 & 2 & 5 \\ -\,3_{1} & 4 & 4 \\ \hline 1 & 8 & 1 \end{array}$$

Seite 29 **Lösungen zu Übung 27**

$$\begin{array}{rrrr} T & H & Z & E \\ 4 & 3 & 5 & 0 \\ -\,1\boxed{1} & 7 & 2\boxed{1} & 8 \\ \hline 2 & 6 & 2 & 2 \end{array} \qquad \begin{array}{rrrr} T & H & Z & E \\ 9 & 2 & 3 & 0 \\ -\,6\boxed{1} & 8\boxed{1} & 4\boxed{1} & 8 \\ \hline 2 & 3 & 8 & 2 \end{array} \qquad \begin{array}{rrrr} T & H & Z & E \\ 3 & 0 & 0 & 0 \\ -\,2\boxed{1} & 9\boxed{1} & 9\boxed{1} & 9 \\ \hline & & & 1 \end{array}$$

Seite 29 **Lösungen zu Übung 28**

a) $\begin{array}{rrrr} 5 & 3 & 6 & 2 \\ -\,3_{1} & 6_{1} & 7 & 1 \\ \hline 1 & 6 & 9 & 1 \end{array}$ b) $\begin{array}{rrrr} 4 & 3 & 6 & 0 \\ - & 1_{1} & 9_{1} & 2 \\ \hline 4 & 1 & 6 & 8 \end{array}$ c) $\begin{array}{rrrr} 4 & 0 & 2 & 0 \\ -\,3 & 0 & 0_{1} & 8 \\ \hline 1 & 0 & 1 & 2 \end{array}$ d) $\begin{array}{rrrr} 8 & 0 & 2 & 0 \\ -\,{}_{1} & 3_{1} & 9_{1} & 9 \\ \hline 7 & 6 & 2 & 1 \end{array}$

e) $\begin{array}{rrrr} 9 & 3 & 6 & 4 \\ -\,7_{1} & 9_{1} & 7_{1} & 8 \\ \hline 1 & 3 & 8 & 6 \end{array}$ f) $\begin{array}{rrr} 9 & 8 & 2 \\ -\,8_{1} & 9_{1} & 4 \\ \hline & 8 & 8 \end{array}$ g) $\begin{array}{rrrr} 2 & 0 & 0 & 0 \\ -\,{}_{1} & 1_{1} & 9_{1} & 9 \\ \hline 1 & 8 & 0 & 1 \end{array}$

Aufgaben mit mehr als einem Subtrahenden
Seite 30 **Lösung zu Übung 29**

$$\begin{array}{rrr} 7 & 8 & 8 \\ -\,1 & 3 & 2 \\ -\,1 & 4 & 5 \\ \hline 5 & 1 & 1 \end{array}$$

1. Schritt: 5 + 2 + 1 = 8
2. Schritt: 4 + 3 + 1 = 8
3. Schritt: 1 + 1 + 5 = 7

Sie hat noch 511 DM übrig.

Radiere falsche Lösungen aus. Bearbeite diese Aufgaben noch einmal.

Lösung zu Übung 30

Seite 30

```
   3 6 7 9
 − 1 1 1 3
 − 1 2 3 3
 −   2 1 2
 ---------
   1 1 2 1
```

1. Schritt: 2 + 3 + 3 + 1 = 9
2. Schritt: 1 + 3 + 1 + 2 = 7
3. Schritt: 2 + 2 + 1 + 1 = 6
4. Schritt: 1 + 1 + 1 = 3

Lösungen zu Übung 31

Seite 30

```
a)   9 8 7 6     b)   1 3 6 9 4     c)   9 6 8
   − 1 2 3 4        −     5 4 3        − 4 2 1
   − 3 2 3 1        −   1 1 4 0        − 3 2 2
   − 2 3 1 0        -----------        − 1 0 4
   ---------          1 2 0 1 1        -------
     3 1 0 1                             1 2 1
```

Lösungen zu «Teste dich selbst: Das kleine Einmaleins (Multiplizieren)»

Seite 31

1.

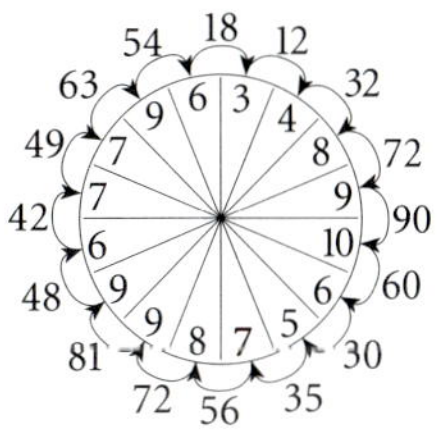

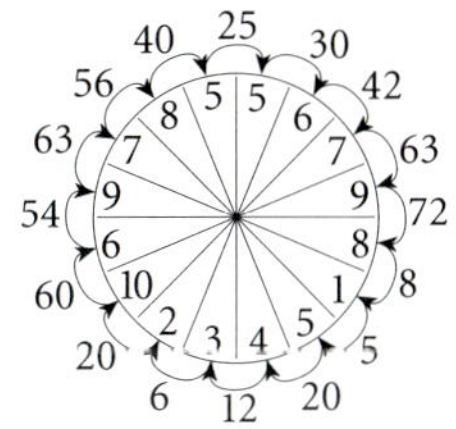

2.

•	9	3	5	2	7
6	54	18	30	12	42
8	72	24	40	16	56
9	81	27	45	18	63
7	63	21	35	14	49
4	36	12	20	8	28

•	4	6	8	7	10
5	20	30	40	35	50
3	12	18	24	21	30
2	8	12	16	14	20
10	40	60	80	70	100
8	32	48	64	56	80

Schriftliches Multiplizieren

Lösungen zu Übung 32

Aufgaben ohne Zehnerüberschreitung
Seite 33

```
T H Z E          T H Z E          T H Z E
3 2 1 0 • 3      4 0 2 4 • 2      1 2 1 2 • 4
-----------      -----------      -----------
    9 6 3 0          8 0 4 8          4 8 4 8
```

Lösungen zu Übung 33

Aufgaben mit Zehnerüberschreitung
Seite 34

```
H Z E            T H Z E          ZT T H Z E
1 2 6 • 3        2 1 2 4 • 4      1  0 2 2 6 • 3
---------        -----------      --------------
    3 7 8            8 4 9 6         3 0 6 7 8
```

Aufgaben mit größeren Zehnerüberträgen
Seite 35

Lösungen zu Übung 34

T H Z E

1 2 0 8 · 4 = 4 8 3 2

T H Z E

3 0 1 9 · 3 = 9 0 5 7

T H Z E

1 2 1 7 · 4 = 4 8 6 8

Seite 35

Lösungen zu Übung 35

1 2 0 8 · 2 = 2 4 1 6

3 2 0 9 · 2 = 6 4 1 8

2 1 2 9 · 2 = 4 2 5 8

3 0 1 7 · 2 = 6 0 3 4

1 2 0 8 · 3 = 3 6 2 4

3 2 0 9 · 3 = 9 6 2 7

2 1 2 9 · 3 = 6 3 8 7

3 0 1 7 · 3 = 9 0 5 1

Aufgaben mit mehreren großen Zehnerüberträgen
Seite 36

Lösungen zu Übung 36

T H Z E

2 5 2 6 · 3 = 7 5 7 8

3 • 6 E = 18 E = 1 Z + 8 E (8 hinschreiben, 1 Z merken)
3 • 2 Z = 6 Z, 6 Z + 1 Z = 7 Z (7 hinschreiben)
3 • 5 H = 15 H = 1 T + 5 H (5 hinschreiben, 1 T merken)
3 • 2 T = 6 T, 6 T + 1 T = 7 T (7 hinschreiben)

1 6 7 9 · 4 = 6 7 1 6

1 8 5 6 · 5 = 9 2 8 0

Seite 37

Lösungen zu Übung 37

2 0 4 3 8 · 4 = 8 1 7 5 2

4 0 3 6 5 · 2 = 8 0 7 3 0

1 2 6 3 5 · 6 = 7 5 8 1 0

Seite 37

Lösungen zu Übung 38

1 2 5 0 4 · 4 = 5 0 0 1 6

2 5 3 4 · 4 = 1 0 1 3 6

2 5 4 3 2 · 4 = 1 0 1 7 2 8

1 6 0 3 7 · 4 = 6 4 1 4 8

Seite 38

Lösungen zu «Teste dich selbst: Wiederholung des schriftlichen Addierens»

3 8 4 + 3_1 5 2 = 7 3 6

5 2 8 + 3 5_1 2 = 8 8 0

9 3 6 + ${}_1 3$ 5 2 = 1 2 8 8

3 8 4 + ${}_1 6_1$ 4_1 8 = 1 0 3 2

5 2 8 + ${}_1 6$ 4_1 8 = 1 1 7 6

9 3 6 + ${}_1 6$ 4_1 8 = 1 5 8 4

3 8 4 + ${}_1 7_1$ 2_1 8 = 1 1 1 2

5 2 8 + ${}_1 7$ 2_1 8 = 1 2 5 6

9 3 6 + ${}_1 7$ 2_1 8 = 1 6 6 4

Lösungen zu Übung 39

Aufgaben mit zweistelligen Zahlen Seite 39

1021 · 24
20420
4 0_1 8 4
24504

Lösungen zu Übung 40

Seite 39

4653 · 43
186120
$_1$ 1_1 3_1 9 5 9
200079

3458 · 28
69160
2_1 7 6_1 6 4
96824

13057 · 36
391710
$_1$ 7_1 8_1 3 4 2
470052

Lösungen zu Übung 41

Seite 39

589 · 42
23560
1 1_1 7 8
24738

3641 · 36
109230
2_1 1_1 8 4 6
131076

984 · 72
68880
$_1$ 1_1 9_1 6 8
70848

90314 · 38
2709420
$_1$ 7 2_1 2 5 1 2
3431932

53812 · 21
1076240
$_1$ 5_1 3_1 8 1 2
1130052

6342 · 39
190260
$_1$ 5 7 0_1 7 8
247338

Lösung zu Übung 42

Aufgaben mit dreistelligen Zahlen Seite 40

483 · 276
96600
33810
$_1$ 2_2 8_1 9 8
133308

Lösungen zu Übung 43

Seite 41

483 · 258
96600
24150
$_1$ 3_1 8_1 6 4
124614

342 · 306
102600
0000
2052
104652

361 · 987
324900
28880
$_1$ 2_2 5_1 2 7
356307

1026 · 359
307800
51300
$_1$ 9_1 2 3 4
368334

2641 · 216
528200
26410
1_2 5_1 8 4 6
570456

568 · 763
397600
34080
$_1$ $_1$ 1_1 7 0 4
433384

Radiere falsche Lösungen aus. Bearbeite diese Aufgaben noch einmal.

Seite 41 **Lösungen zu Übung 44**

528 · 328
158400
10560
$_{1}\,4_{1}224$
173184

987 · 123
98700
19740
$_{2}\,2_{2}9_{1}61$
121401

458 · 322
137400
9160
$_{1}\,_{1}\,916$
147476

502 · 320
150600
10040
000
160640

6102 · 348
1830600
244080
$_{1}\,_{1}\,4_{1}8_{1}816$
2123496

583 · 648
349800
23320
$_{1}\,4_{1}664$
377784

Die Rechenprobe **Lösungen zu Übung 45**

Seite 42

538 · 642
322800
21520
$1_{1}076$
345396

Kontrolle:
642 · 538
321000
19260
$_{1}\,5136$
345396

643 · 759
450100
32150
$5_{1}7_{1}87$
488037

Kontrolle:
759 · 643
455400
30360
$2_{1}2_{1}77$
488037

Seite 43 **Lösungen zu «Teste dich selbst: Das kleine Einmaleins (Dividieren)»**

a)

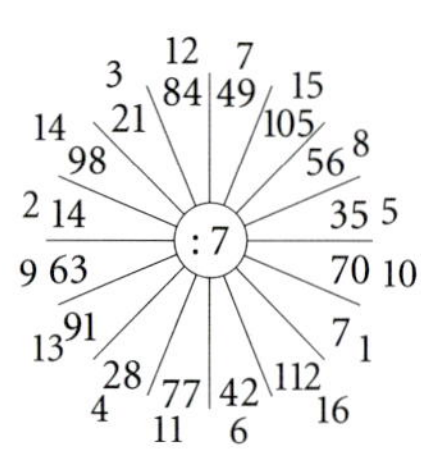

b)

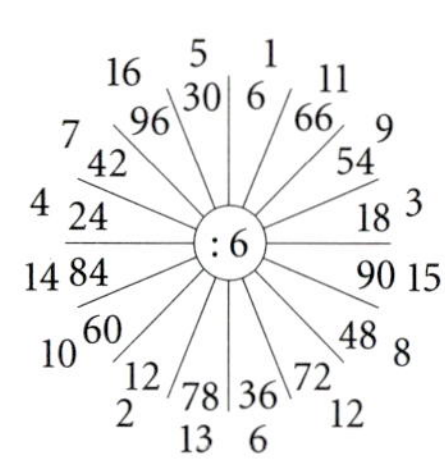

c)

	: 8	**: 4**	**: 2**
64	8	16	32
8	1	2	4
48	6	12	24
32	4	8	16
24	3	6	12
72	9	18	36
40	5	10	20
56	7	14	28

d)

	: 9	**: 3**
18	2	6
81	9	27
27	3	9
45	5	15
63	7	21
90	10	30
9	1	3
54	6	18

e)

	: 10	**: 5**
20	2	4
60	6	12
40	4	8
90	9	18
10	1	2
100	10	20
50	5	10
70	7	14

Schriftliches Dividieren

Aufgaben ohne Zehnerüberschreitung

Lösungen zu Übung 46

Seite 45

H	Z	E				H	Z	E
8	4	2	:	2	=	4	2	1

T	H	Z	E				T	H	Z	E
3	9	6	9	:	3	=	1	3	2	3

Lösungen zu Übung 47

Seite 45

8484 : 4 = 2121	9636 : 3 = 3212
6396 : 3 = 2132	8844 : 4 = 2211
8642 : 2 = 4321	8842 : 2 = 4421

Lösungen zu «Teste dich selbst Das kleine Einmaleins (Dividieren mit Rest)»

Seite 46

a)

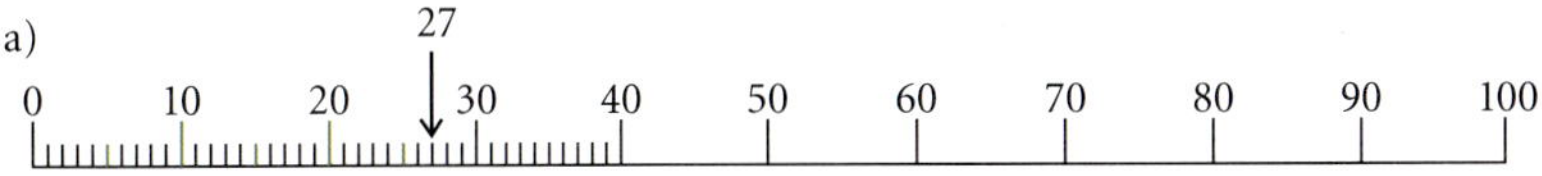

b)

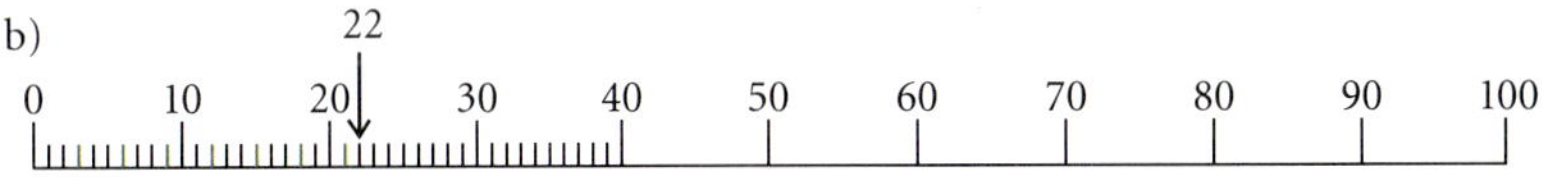

c)

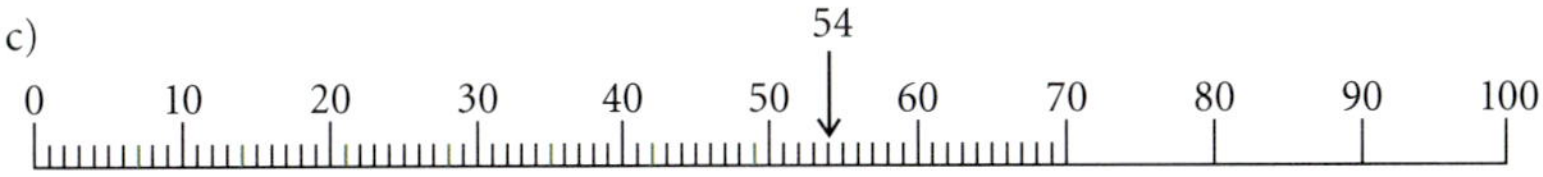

d)

47 : 7 = 6 Rest 5	47 : 6 = 7 Rest 5	47 : 4 = 11 Rest 3
51 : 7 = 7 Rest 2	51 : 6 = 8 Rest 3	51 : 4 = 12 Rest 3
34 : 7 = 4 Rest 6	34 : 6 = 5 Rest 4	34 : 4 = 8 Rest 2
23 : 7 = 3 Rest 2	23 : 6 = 3 Rest 5	23 : 4 = 5 Rest 3
38 : 7 = 5 Rest 3	38 : 6 = 6 Rest 2	38 : 4 = 9 Rest 2
19 : 7 = 2 Rest 5	19 : 6 = 3 Rest 1	19 : 4 = 4 Rest 3
17 : 7 = 2 Rest 3	17 : 6 = 2 Rest 5	17 : 4 = 4 Rest 1

47 : 3 = 15 Rest 2	47 : 2 = 23 Rest 1	47 : 8 = 5 Rest 7
51 : 3 = 17 Rest 0	51 : 2 = 25 Rest 1	51 : 8 = 6 Rest 3
34 : 3 = 11 Rest 1	34 : 2 = 17 Rest 0	34 : 8 = 4 Rest 2
23 : 3 = 7 Rest 2	23 : 2 = 11 Rest 1	23 : 8 = 2 Rest 7
38 : 3 = 12 Rest 2	38 : 2 = 19 Rest 0	38 : 8 = 4 Rest 6
19 : 3 = 6 Rest 1	19 : 2 = 9 Rest 1	19 : 8 = 2 Rest 3
17 : 3 = 5 Rest 2	17 : 2 = 8 Rest 1	17 : 8 = 2 Rest 1

Radiere falsche
Lösungen aus.
Bearbeite diese
Aufgaben noch einmal.

Aufgaben mit einer Zehnerüberschreitung
Seite 48

Lösungen zu Übung 48

```
T H Z E         T H Z E
5 1 6 9 : 3 = 1 7 2 3
3       : 3
2 1     : 3
2 1
  0 6   : 3
    6
    0 9 : 3
      9
      0
```

→ 5 T : 3 = 1 T, 1 T • 3 = 3 T, Rest 2 T

→ 2 T + 1 H = 21 H, 21 H : 3 = 7 H, 7 H • 3 = 21 H, Rest 0 H

→ 6 Z : 3 = 2 Z, 2 Z • 3 = 6 Z, Rest 0 Z

→ 9 E : 3 = 3 E, 3 E • 3 = 9 E, Rest 0 E

```
T H Z E         T H Z E
8 9 2 8 : 4 = 2 2 3 2
8       : 4
0 9     : 4
  8
  1 2   : 4
  1 2
    0 8 : 4
      8
      0
```

→ 8 T : 4 = 2 T, 2 T • 4 = 8 T, Rest 0 T

→ 9 H : 4 = 2 H, 2 H • 4 = 8 H, Rest 1 H

→ 1 H + 2 Z = 12 Z, 12 Z : 4 = 3 Z, 3 Z • 4 = 12 Z, Rest 0 Z

→ 8 E : 4 = 2 E, 2 E • 4 = 8 E, Rest 0 E

Seite 49

Lösungen zu Übung 49

```
T H Z E         T H Z E
8 9 6 8 : 8 = 1 1 2 1
8
0 9
  8
  1 6
  1 6
    0 8
      8
      0
```

```
T H Z E         T H Z E
9 6 8 1 : 3 = 3 2 2 7
9
0 6
  6
  0 8
    6
    2 1
    2 1
      0
```

```
T H Z E         T H Z E
9 6 4 8 : 2 = 4 8 2 4
8
1 6
1 6
  0 4
    4
    0 8
      8
      0
```

```
T H Z E         T H Z E
3 9 7 5 : 3 = 1 3 2 5
3
0 9
  9
  0 7
    6
    1 5
    1 5
      0
```

Radiere falsche Lösungen aus. Bearbeite diese Aufgaben noch einmal.

Lösungen zu Übung 50

Seite 49

```
T H Z E       T H Z E
8 5 2 4 : 4 = 2 1 3 1
8
0 5
  4
  1 2
  1 2
    0 4
      4
      0
```

```
T H Z E       T H Z E
8 4 6 6 : 6 = 1 4 1 1
6
2 4
2 4
  0 6
    6
    0 6
      6
      0
```

```
T H Z E       T H Z E
8 1 6 9 : 3 = 2 7 2 3
6
2 1
2 1
  0 6
    6
    0 9
      9
      0
```

```
T H Z E       T H Z E
8 5 5 5 : 5 = 1 7 1 1
5
3 5
3 5
  0 5
    5
    0 5
      5
      0
```

```
T H Z E       T H Z E
6 4 7 2 : 2 = 3 2 3 6
6
0 4
  4
  0 7
    6
    1 2
    1 2
      0
```

Lösungen zu Übung 51

Aufgaben mit mehreren Zehnerüberschreitungen
Seite 50

```
T H Z E       T H Z E
7 4 1 0 : 6 = 1 2 3 5
6
1 4
1 2
  2 1
  1 8
    3 0
    3 0
      0
```

```
T H Z E       T H Z E
9 8 7 2 : 8 – 1 2 3 4
8
1 8
1 6
  2 7
  2 4
    3 2
    3 2
      0
```

Seite 51

Lösungen zu Übung 52

T H Z E : 3 = T H Z E
7 8 6 9 : 3 = 2 6 2 3
6
1 8
1 8
0 6
6
0 9
9
0

T H Z E : 4 = T H Z E
7 2 8 4 : 4 = 1 8 2 1
4
3 2
3 2
0 8
8
0 4
4
0

T H Z E : 5 = T H Z E
6 0 8 5 : 5 = 1 2 1 7
5
1 0
1 0
0 8
5
3 5
3 5
0

T H Z E : 6 = T H Z E
7 6 8 6 : 6 = 1 2 8 1
6
1 6
1 2
4 8
4 8
0 6
6
0

T H Z E : 7 = T H Z E
8 7 6 4 : 7 = 1 2 5 2
7
1 7
1 4
3 6
3 5
1 4
1 4
0

Die erste Zahl lässt sich nicht durch den Divisor teilen
Seite 52

Lösungen zu Übung 53

6 8 1 1 : 7 = 9 7 3
6 3
5 1
4 9
2 1
2 1
0

3 6 4 0 : 8 = 4 5 5
3 2
4 4
4 0
4 0
4 0
0

1 8 6 2 : 2 = 9 3 1
1 8
0 6
6
0 2
2
0

5 9 4 4 : 8 = 7 4 3
5 6
3 4
3 2
2 4
2 4
0

7 3 0 8 : 4 = 1 8 2 7
4
3 3
3 2
1 0
8
2 8
2 8
0

6 1 1 1 : 9 = 6 7 9
5 4
7 1
6 3
8 1
8 1
0

Lösungen zu Übung 54

Eine Null im Ergebnis
Seite 53

ZT T H Z E   ZT T H Z E
1 6 1 9 2 : 2 = 8 0 9 6
1 6
0 1
0
1 9
1 8
1 2
1 2
0

ZT T H Z E   ZT T H Z E
5 2 2 6 3 : 9 = 5 8 0 7
4 5
7 2
7 2
0 6
0
6 3
6 3
0

T H Z E   T H Z E
6 1 8 0 : 6 = 1 0 3 0
6
0 1
0
1 8
1 8
0 0
0
0

ZT T H Z E   ZT T H Z E
1 4 5 6 0 : 7 = 2 0 8 0
1 4
0 5
0
5 6
5 6
0 0
0
0

Radiere falsche Lösungen aus. Bearbeite diese Aufgaben noch einmal.

```
T H Z E       T H Z E
9 2 8 8 : 9 = 1 0 3 2
9
-
0 2
  0
  ---
  2 8
  2 7
  ---
    1 8
    1 8
    ---
      0
```

```
T H Z E       T H Z E
2 4 3 2 : 4 =   6 0 8
2 4
---
  0 3
    0
  ---
    3 2
    3 2
    ---
      0
```

Die Rechenprobe

Seite 54 Lösungen zu Übung 55

```
1 9 9 9 8 : 3 = 6 6 6 6      6 6 6 6 • 3
1 8                          -----------
---                            1 9 9 9 8
  1 9
  1 8
  ---
    1 9
    1 8
    ---
      1 8
      1 8
      ---
        0
```

```
3 8 8 8 5 : 7 = 5 5 5 5      5 5 5 5 • 7
3 5                          -----------
---                            3 8 8 8 5
  3 8
  3 5
  ---
    3 8
    3 5
    ---
      3 5
      3 5
      ---
        0
```

Seite 55 Lösungen zu Übung 56

```
1 0 4 4 0 : 8 = 1 3 0 5
  8
---
  2 4          1 3 0 5 • 8
  2 4          -----------
  ---            1 0 4 4 0
    0 4
      0
    ---
      4 0
      4 0
      ---
        0
```

```
4 3 4 2 8 : 7 = 6 2 0 4
4 2
---
  1 4          6 2 0 4 • 7
  1 4          -----------
  ---            4 3 4 2 8
    0 2
      0
    ---
      2 8
      2 8
      ---
        0
```

```
5 4 4 8 6 : 6 = 9 0 8 1
5 4
  0 4          9 0 8 1 • 6
    0            5 4 4 8 6
    4 8
    4 8
      0 6
        6
        0
```

```
3 8 1 2 4 : 6 = 6 3 5 4
3 6
  2 1          6 3 5 4 • 6
  1 8            3 8 1 2 4
    3 2
    3 0
      2 4
      2 4
        0
```

Lösungen zu Übung 57

Aufgaben mit Rest
Seite 56

```
5 8 9 2 : 9 = 6 5 4 R 6
5 4
  4 9          6 5 4 • 9        5 8 8 6
  4 5            5 8 8 6      +      1 6
    4 2                         5 8 9 2
    3 6
      6
```

```
5 6 4 7 : 6 = 9 4 1 R 1
5 4
  2 4          9 4 1 • 6        5 6 4 6
  2 4            5 6 4 6      +       1
    0 7                         5 6 4 7
      6
      1
```

```
4 9 3 8 : 5 = 9 8 7 R 3
4 5
  4 3          9 8 7 • 5        4 9 3 5
  4 0            4 9 3 5      +       3
    3 8                         4 9 3 8
    3 5
      3
```

Lösungen zu Übung 58

Seite 56

```
9 2 1 1 : 9 = 1 0 2 3 R 4
9
0 2          1 0 2 3 • 9        9 2 0 7
  0              9 2 0 7      +      1 4
  2 1                           9 2 1 1
  1 8
    3 1
    2 7
      4
```

Radiere falsche
Lösungen aus.
Bearbeite diese
Aufgaben noch einmal.

2 5 2 8 3 : 4 = 6 3 2 0 R 3
2 4
1 2
1 2
0 8
8
0 3

6 3 2 0 • 4
2 5 2 8 0

2 5 2 8 0
\+ 3
2 5 2 8 3

Seite 57 **Lösungen zu Übung 59**

•	10	11	12	13	14	15	16	17	18	19	20
1	10	11	12	13	14	15	16	17	18	19	20
2	20	22	24	26	28	30	32	34	36	38	40
3	30	33	36	39	42	45	48	51	54	57	60
4	40	44	48	52	56	60	64	68	72	76	80
5	50	55	60	65	70	75	80	85	90	95	100
6	60	66	72	78	84	90	96	102	108	114	120
7	70	77	84	91	98	105	112	119	126	133	140
8	80	88	96	104	112	120	128	136	144	152	160
9	90	99	108	117	126	135	144	153	162	171	180
10	100	110	120	130	140	150	160	170	180	190	200

Dividieren durch eine Zahl zwischen 10 und 20 Seite 57

Lösungen zu Übung 60

9 1 0 : 1 4 = 6 5
8 4
7 0
7 0
0

1 7 6 4 : 1 8 = 9 8
1 6 2
1 4 4
1 4 4
0

1 2 2 4 : 1 7 = 7 2
1 1 9
3 4
3 4
0

5 4 0 : 1 5 = 3 6
4 5
9 0
9 0
0

7 8 4 8 : 1 2 = 6 5 4
7 2
6 4
6 0
4 8
4 8
0

1 0 5 3 : 1 3 = 8 1
1 0 4
1 3
1 3
0

Radiere falsche Lösungen aus. Bearbeite diese Aufgaben noch einmal.

Lösungen zu Übung 61

Seite 58

```
1246 : 14 = 89          Kontrolle:
112                     89 · 14
---                     -------
 126                        89
 126                       3₁56
 ---                    -------
   0                      1246
```

```
7752 : 17 = 456         Kontrolle:
68                      456 · 17
--                      --------
 95                         456
 85                        31₁92
 --                     --------
 102                        7752
 102
 ---
   0
```

Lösungen zu Übung 62

Seite 58

```
1981 : 16 = 123 R 13
16
--
 38                123 · 16          1968
 32                --------       +    1₁3
 --                    1230       -------
  61                    738          1981
  48               --------
  --                   1968
  13
```

```
11846 : 15 = 789 R 11
105
---
 134               789 · 15         11835
 120               --------       +    11
 ---                   7890       -------
  146                 3₁9₁45        11846
  135              --------
  ---                 11835
   11
```

Lösungen zu W 1.1

1. Wiederholung
Seite 59

```
  1000         472        1729        1633
– ₁5₁2₁8    + 12₁57    –   ₁96    –  1₁8₁8
------      ------     ------     ------
   472        1729       1633       1445
    G           A          N          Z
```

```
  1445        2754        2167        2944
+ 130₁9    –  5₁8₁7    +  7₁7₁7    –  5₁5₁7
------      ------     ------     ------
  2754        2167       2944       2387     2387
    P           R          I          M         A
```

Lösungen zu W 1.3

Seite 60

```
1536 · 6        35846 · 6
--------        ---------
    9216           215076
```

2 0 1 6 8 · 6
1 2 1 0 0 8

1 0 8 9 · 6
6 5 3 4

Seite 60 Lösungen zu W 1.4

5 7 6 · 4 8
2 3 0 4 0
4 6 0 8
2 7 6 4 8

3 4 2 1 · 4 8
1 3 6 8 4 0
$2_1\ 7_1\ 3_1\ 6\ 8$
1 6 4 2 0 8

5 7 8 2 · 4 8
2 3 1 2 8 0
$4\ 6\ 2_1\ 5\ 6$
2 7 7 5 3 6

6 8 0 1 · 4 8
2 7 2 0 4 0
$_1\ 5\ 4\ 4\ 0\ 8$
3 2 6 4 4 8

7 8 5 4 · 4 8
3 1 4 1 6 0
6 2 8 3 2
3 7 6 9 9 2

Seite 60 Lösungen zu W 1.5

1 1 7 7 2 : 9 = 1 3 0 8
9
2 7
2 7
0 7
0
7 2
7 2
0

1 1 8 8 0 : 9 = 1 3 2 0
9
2 8
2 7
1 8
1 8
0 0
0
0

5 4 2 7 : 9 = 6 0 3
5 4
0 2
0
2 7
2 7
0

7 2 4 5 0 : 9 = 8 0 5 0
7 2
0 4
0
4 5
4 5
0 0
0
0

Seite 60 Lösungen zu W 1.6

1 0 6 6 8 : 1 2 = 8 8 9
9 6
1 0 6
9 6
1 0 8
1 0 8
0

7 8 9 6 : 1 2 = 6 5 8
7 2
6 9
6 0
9 6
9 6
0

```
1 2 3 8 4 : 1 2 = 1 0 3 2
1 2
  0 3
    0
    3 8
    3 6
      2 4
      2 4
        0
```

```
8 3 7 6 : 1 2 = 6 9 8
7 2
1 1 7
1 0 8
    9 6
    9 6
      0
```

Lösungen zu W 2.1

2. Wiederholung
Seite 61

```
a) 2 0 9 4 : 3 = 6 9 8
   1 8
     2 9
     2 7
       2 4
       2 4
         0
```

```
b) 3 4 9 0 : 5 = 6 9 8
   3 0
     4 9
     4 5
       4 0
       4 0
         0
```

```
c) 2 7 9 2 : 4 = 6 9 8
   2 4
     3 9
     3 6
       3 2
       3 2
         0
```

Losungen zu W 2.2

Seite 61

```
d)     6 5 2 0 8
     + 2 0 3 5 6
             1
       ---------
       8 5 5 6 4
```

```
e)     5 2 9 9 5
     + 3 2 5 6 9
         1 1 1
       ---------
       8 5 5 6 4
```

```
q)         3 2 1 4
     +     5 9 6 8
     +   7 6 3 8 2
         1 1 1 1
       -----------
         8 5 5 6 4
```

Lösungen zu W 2.3

Seite 61

```
f) 4 8 0 • 3 6
   -----------
     1 4 4 0 0
       2 8 8 0
       1
   -----------
     1 7 2 8 0
```

```
h) 7 2 • 2 4 0
   -----------
     1 4 4 0 0
       2 8 8 0
       1   0 0
   -----------
     1 7 2 8 0
```

```
m) 1 4 4 • 1 2 0
   -------------
       1 4 4 0 0
         2 8 8 0
         1 0 0 0
   -------------
       1 7 2 8 0
```

Radiere falsche Lösungen aus. Bearbeite diese Aufgaben noch einmal.

Seite 61 Lösungen zu W 2.4

```
g) 2 1 9 2 4 : 6 = 3 6 5 4
   1 8
   ---
     3 9
     3 6
     ---
       3 2
       3 0
       ---
         2 4
         2 4
         ---
           0
```

```
i) 2 9 2 3 2 : 8 = 3 6 5 4
   2 4
   ---
     5 2
     4 8
     ---
       4 3
       4 0
       ---
         3 2
         3 2
         ---
           0
```

```
k) 1 8 2 7 0 : 5 = 3 6 5 4
   1 5
   ---
     3 2
     3 0
     ---
       2 7
       2 5
       ---
         2 0
         2 0
         ---
           0
```

```
l) 1 2 1 8 · 3
   -----------
       3 6 5 4
```

Seite 61 Lösungen zu W 2.5

```
n) 2 1 0 8 4 : 7 = 3 0 1 2
   2 1
   ---
     0 0
       0
     ---
       0 8
         7
       ---
         1 4
         1 4
         ---
           0
```

```
p) 1 5 0 6 0 : 5 = 3 0 1 2
   1 5
   ---
     0 0
       0
     ---
       0 6
         5
       ---
         1 0
         1 0
         ---
           0
```

Seite 61 Lösung zu W 2.6

```
o) 4 8 2 4 : 9 = 5 3 6
   4 5
   ---
     3 2
     2 7
     ---
       5 4
       5 4
       ---
         0
```

Radiere falsche
Lösungen aus.
Bearbeite diese
Aufgaben noch einmal.

2. Wiederholung

Seite 61

Lösungen zu

W 2.1	a, b, c	: 698 (orange)
W 2.2	d, e, q	: 85 564 (weiß)
W 2.3	f, h, m	: 17 280 (rot)
W 2.4	g, i, k, l	: 3 654 (blau)
W 2.5	n, p	: 3 012 (grün)
W 2.6	o	: 536 (gelb)

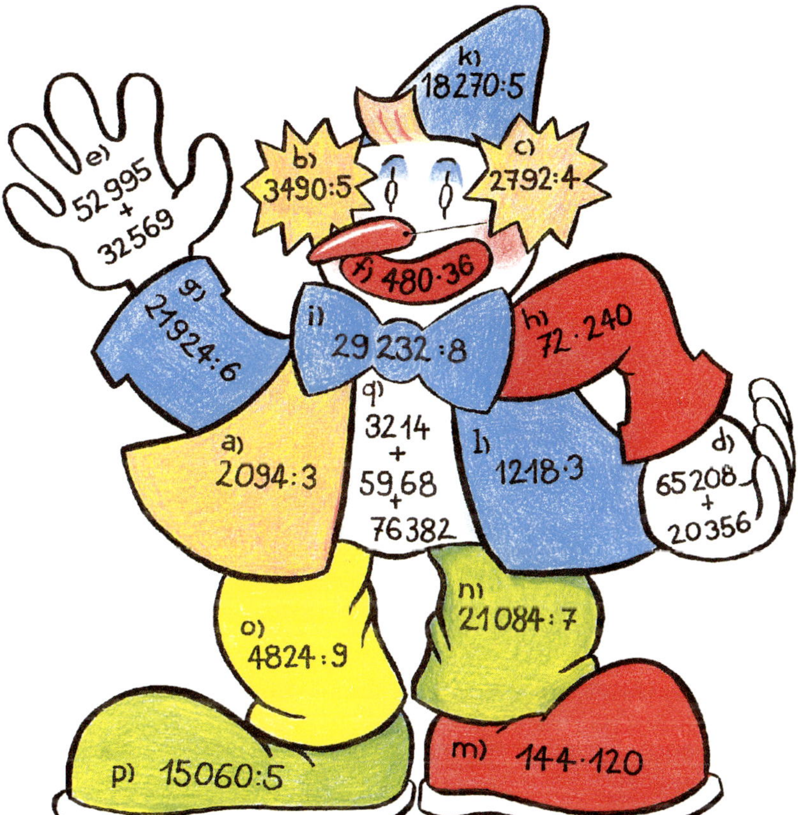

So gut warst du:
Die Lösungen und Bewertungen zu den Klassenarbeiten

Seite 63 **Klassenarbeit Nr. 1: Schriftliches Addieren**

je 2 Punkte **= 6 Punkte**

$$\begin{array}{rccc} & 2 & 4 & 2 \\ + & 6 & 5 & 3 \\ \hline & 8 & 9 & 5 \end{array} \qquad \begin{array}{rccc} & 5 & 8 & 2 \\ + & 3 & 1 & 0 \\ \hline & 8 & 9 & 2 \end{array} \qquad \begin{array}{rccc} & 2 & 1 & 6 \\ + & 5 & 4 & 3 \\ \hline & 7 & 5 & 9 \end{array}$$

je 2 Punkte **= 6 Punkte**

$$\begin{array}{rccc} & 1 & 2 & 2 \\ + & & 1 & 2 \\ \hline & 1 & 3 & 4 \end{array} \qquad \begin{array}{rccc} & & 8 & 3 \\ + & 8 & 1 & 5 \\ \hline & 8 & 9 & 8 \end{array} \qquad \begin{array}{rccc} & & 7 & 2 \\ + & 6 & 2 & 6 \\ \hline & 6 & 9 & 8 \end{array}$$

je 3 Punkte **= 9 Punkte**

$$\begin{array}{rccc} & 2 & 4 & 3 \\ + & 6 & 2_{1} & 8 \\ \hline & 8 & 7 & 1 \end{array} \qquad \begin{array}{rccc} & 1 & 8 & 3 \\ + & & {}_{1} & 8 \\ \hline & 1 & 9 & 1 \end{array} \qquad \begin{array}{rccc} & 6 & 6 & 3 \\ + & & 1_{1} & 7 \\ \hline & 6 & 8 & 0 \end{array}$$

je 4 Punkte **= 12 Punkte**

$$\begin{array}{rccc} & 6 & 8 & 7 \\ + & 2_{1} & 3_{1} & 5 \\ \hline & 9 & 2 & 2 \end{array} \qquad \begin{array}{rccc} & 8 & 3 & 2 \\ + & {}_{1} & 7_{1} & 8 \\ \hline & 9 & 1 & 0 \end{array} \qquad \begin{array}{rccc} & 7 & 8 & 9 \\ + & {}_{1} & 1_{1} & 1 \\ \hline & 8 & 0 & 0 \end{array}$$

je 4 Punkte **= 12 Punkte**

$$\begin{array}{rccc} & 1 & 0 & 3 \\ + & 2 & 0 & 6 \\ + & 4 & 5_{1} & 9 \\ \hline & 7 & 6 & 8 \end{array} \qquad \begin{array}{rccc} & 1 & 8 & 8 \\ + & 2 & 6 & 0 \\ + & 3_{1} & 4_{1} & 5 \\ \hline & 7 & 9 & 3 \end{array} \qquad \begin{array}{rccc} & 4 & 5 & 4 \\ + & 3 & 0 & 8 \\ + & 1_{1} & 7_{1} & 0 \\ \hline & 9 & 3 & 2 \end{array}$$

Bitte deine Eltern, dir bei der Kontrolle der Lösungen und der Auswertung der Arbeit zu helfen.

Bewertung

Du kannst insgesamt 45 Punkte erreichen. Für jedes falsche Ergebnis musst du die angegebene Punktzahl abziehen. Rechne nun deine Punkte zusammen.

Ich habe ______ von 45 Punkten.

45 bis 38 Punkte: Gut gemacht!
37 bis 24 Punkte: Du hast viele Aufgaben richtig gelöst.
Weniger als 24 Punkte: Du musst noch kräftig üben.

8 6 4 − 5 2 3 3 4 1	9 6 4 − 8 5 1 1 1 3	**je 2 Punkte** = 4 Punkte

9 8 5 − 8 2 9 0 3	1 2 3 4 − 2 1 1 2 1 3	**je 2 Punkte** = 4 Punkte

7 2 3 − 6 1 1 1 1 2	Probe: 1 1 2 + 6 1 1 7 2 3	6 2 5 − 1 3 6 1 2	Probe: 6 1 2 + 1 3 6 2 5	**je 2 Punkte** = 8 Punkte

8 3 6 4 − 6 1 2_1 8 2 2 3 6	9 6 3 2 − 8 3 1_1 7 1 3 1 5	**je 3 Punkte** = 6 Punkte

6 4 2 − 4_1 8 1 1 6 1	9 8 0 9 − $_1$ 1 9 9 7 9 0	**je 4 Punkte** = 8 Punkte

9 8 8 − 3 2 2 − 1 2 3 5 4 3	7 9 9 − 1 4 5 − 6 0 3 5 1	**je 5 Punkte** = 10 Punkte

Bitte deine Eltern, dir bei der Kontrolle der Lösungen und der Auswertung der Arbeit zu helfen.

Bewertung

Du kannst insgesamt 40 Punkte erreichen. Für jedes falsche Ergebnis musst du die angegebene Punktzahl abziehen. Rechne nun deine Punkte zusammen.

Ich habe ______ von 40 Punkten.

40 bis 32 Punkte: Gut gemacht!
31 bis 20 Punkte: Du hast viele Aufgaben richtig gelöst.
Weniger als 20 Punkte: Du musst noch kräftig üben.

je 2 Punkte
= 4 Punkte

1 3 2 4 · 2	3 0 3 2 · 3
2 6 4 8	9 0 9 6

je 3 Punkte
= 6 Punkte

2 2 1 3 · 4	1 0 3 5 · 3
8 8 5 2	3 1 0 5

je 3 Punkte
= 6 Punkte

2 0 1 9 · 3	2 0 1 8 · 4
6 0 5 7	8 0 7 2

je 4 Punkte
= 8 Punkte

1 3 5 6 · 7	8 4 3 5 · 4
9 4 9 2	3 3 7 4 0

je 5 Punkte
= 10 Punkte

3 0 6 4 · 4 2	6 3 6 · 7 8
1 2 2 5 6 0	4 4 5 2 0
6 1 2 8	5 0_1 8 8
1 2 8 6 8 8	4 9 6 0 8

je 6 Punkte
= 12 Punkte

3 0 7 · 8 4 2	Kontrolle: 8 4 2 · 3 0 7
2 4 5 6 0 0	2 5 2 6 0 0
1 2 2 8 0	0 0 0 0
$_1$ 6 1 4	5_1 8 9 4
2 5 8 4 9 4	2 5 8 4 9 4

Bitte deine Eltern, dir bei der Kontrolle der Lösungen und der Auswertung der Arbeit zu helfen.

Bewertung

Du kannst insgesamt 46 Punkte erreichen. Für jedes falsche Ergebnis musst du die angegebene Punktzahl abziehen. Rechne nun deine Punkte zusammen.

Ich habe ______ von 46 Punkten.

46 bis 40 Punkte: Gut gemacht!
39 bis 23 Punkte: Du hast viele Aufgaben richtig gelöst.
Weniger als 23 Punkte: Du musst noch kräftig üben.

```
7284 : 4 = 1821
4
32
32
 08
  8
  04
   4
   0
```

```
4895 : 5 = 979
45
 39
 35
  45
  45
   0
```

2 und 4 Punkte
= 6 Punkte

```
32565 : 5 = 6513
30
 25
 25
  06
   5
   15
   15
    0
```

```
16272 : 8 = 2034
16
 02
  0
  27
  24
   32
   32
    0
```

je 5 Punkte
= 10 Punkte

```
57186 : 9 = 6354
54
 31
 27
  48
  45
   36
   36
    0
```

```
6354 · 9
 57186
```

je 5 Punkte
= 10 Punkte

```
3179 : 5 = 635 R 4
30
 17
 15
  29
  25
   4
```

5 Punkte

```
13818 : 14 = 987
126
 121
 112
   98
   98
    0
```

8 Punkte

ELTERN Hilfe

Bitte deine Eltern, dir bei der Kontrolle der Lösungen und der Auswertung der Arbeit zu helfen.

Bewertung

Du kannst insgesamt 39 Punkte erreichen. Für jedes falsche Ergebnis musst du die angegebene Punktzahl abziehen. Rechne nun deine Punkte zusammen.

Ich habe ______ von 39 Punkten.

39 bis 35 Punkte: Gut gemacht!
34 bis 20 Punkte: Du hast viele Aufgaben richtig gelöst.
Weniger als 20 Punkte: Du musst noch kräftig üben.

Immer dabei: Das Lesezeichen

Schneide das Blatt aus, falte es entlang der roten Linie und klebe es an der Innenseite zusammen. (Schlau ist es, wenn du dir die Seite vorher kopierst – falls du das Lesezeichen einmal verlegen solltest.) Jetzt hast du ein tolles Lesezeichen, auf dem du immer schnell nachschauen kannst, wenn du bei einzelnen Fachwörtern oder Rechenarten unsicher bist. (Wenn du Lust hast, kannst du das Lesezeichen unten lochen und dort einen dicken Wollfaden oder Ähnliches durchziehen. Dann ist es noch auffälliger. Du kannst es auch zusätzlich mit einer selbstklebenden Folie beziehen.)

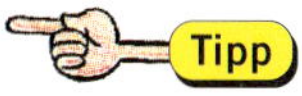

Stell dir das Lesezeichen zweimal her und lege eins in dein Mathematikbuch. So hilft es dir auch in der Schule, wenn du bei einem Fachwort oder einer Rechenart unsicher bist.

Seite 10–20

Addition
(addieren)
596 + 324 = ?

Schreibe die Zahlen richtig untereinander (Einer unter Einer, Zehner unter Zehner …)

Addiere von unten nach oben.

Fange bei den Einern an.

Ist das Ergebnis einer Teilrechnung größer als 9?

Schreibe eine kleine Merkzahl in die Spalte links daneben, mache also einen Übertrag.

		5	9	6	
	+	3_1	2_1	4	
		9	2	0	

Seite 21–30

Subtraktion
(subtrahieren)
923 – 568 = ?

Schreibe die Zahlen richtig untereinander (Einer unter Einer, Zehner unter Zehner …)

Ergänze von der unteren zur oberen Zahl. Fange bei den Einern an.

Ist die obere Zahl kleiner als die untere, so musst du einen Übertrag machen.

Setze eine Merkzahl in die Spalte links daneben.

		9	2	3	
	–	5_1	6_1	8	
		3	5	5	

Seite 31–42

Multiplikation
(multiplizieren)
1234 · 3 = ?

Schreibe die Aufgabe auf.

Nimm jede Stelle der einen Zahl mit der anderen Zahl mal, schreibe das Ergebnis hin.

Fange bei den Einern an.

Ist ein Teilergebnis größer als 9, dann notiere nur die Einer des Ergebnisses.

Den Zehner merkst du dir. Addiere ihn in der nächsten Teilrechnung zum Ergebnis.

1	2	3	4	·	3
		3	7	0	2

Seite 43–58

Division
(dividieren)
346 : 2 = ?

Schreibe die Aufgabe auf.

Teile jede Zahl einzeln.

Beginne bei dem größten Stellenwert.

Bleibt beim Dividieren ein Rest, notiere diesen in der Stellentafel.

Benutze ihn als Übertrag für die nächste Stelle.

3	4	6	:	2	=	1	7	3
2								
1	4							
1	4							
	0	6						
		6						
		0						